高校数学でわかる線形代数

行列の基礎から固有値まで

竹内 淳 著

ブルーバックス

装幀／芦澤泰偉・児崎雅淑
カバーイラスト・もくじ・章扉／中山康子
本文図版／さくら工芸社

はじめに

　理工系大学生が1年生か2年生で学ぶ数学には、線形代数、関数論、フーリエ変換などがあります。これらの数学は、理工系人間の人生のほとんどの場面で役に立ってくれる重要なものです。また、文科系の学部でも経済学部などでは、線形代数や関数論の知識を必要とします。数学の知識の必要性は、文科系の人々にもどんどん広がっていると言ってよいでしょう。

　線形代数は、主に「行列」を扱う数学で、その応用範囲は多岐にわたっています。しかし、線形代数を現在学んでいる大学生や、あるいはすでに学び終えた社会人にでさえも、充分理解されているとは言えないようです。高校で学ぶ数学と、大学で学ぶ数学はなめらかにつながっているわけではなく、難度に段差があります。そこに躓いてしまう人も少なくないようです。そこで本書では、大学レベルで必要とされる線形代数の知識を、できるかぎりやさしく解説しました。これまでの「高校数学でわかるシリーズ」と同様に、前提としたのは高校レベルの数学の知識だけです。

　本書を読み進めていただくとおわかりいただけると思いますが、行列を扱うことには固有のおもしろさがあります。またこの分野は、今から350年ほども前に日本の数学

者が世界に先駆けてすばらしい業績を残しています。本書の中で、読者のみなさんもその独創の偉大さに驚くことでしょう。

　大学レベルの数学を扱った拙著には『高校数学でわかるフーリエ変換』があります。幸いにして多くの読者の支持を得ることができましたが、同時に他の数学分野も執筆して欲しいという多くの御要望を頂戴することになりました。読者のみなさんが本書の「おわりに」までたどり着いたとき、線形代数の姿がくっきりと脳裏に浮かび上がっていることを期待しています。

もくじ

はじめに 3

第1章

行列は方程式を解くためのツール 11

「線形」とは、どんな意味だろう? 12
算数の鶴亀算を行列で書くと 15
普通の方程式の解き方:消去法 18
拡大係数行列を使った方程式の解き方 19
小行列:行列の中の小さな行列 22
階数 23
階数と解の重要な関係 23
階数と方程式の関係 25
解は1組か? あるいは無数に存在するか? 26

第2章

単位行列と逆行列 33

単位行列 34
逆行列 37
逆行列と方程式の関係 38
行の基本変形を使った逆行列の求め方 39
行の基本変形は行列のかけ算で表せる 40
行の基本変形を行列のかけ算に置き換える 42
複数の行の基本変形を1つの行列にまとめよう 43

第3章

行列式の登場 ・・・・・・・・・・・・・・・・・・・・・・・・・・49

行列と同じくらい大事な式？　50

行列式を考案したのは日本人！　52

若き関孝和　53

サラス　55

行列式の性質　57

行列のかけ算の行列式　59

江戸時代の数学書と遺題継承　61

算聖・関孝和　62

正則な行列の逆行列は？　64

余因子行列とは　67

転置行列の行列式は同じ　69

正則であるための条件　69

クラメールの公式　71

ライプニッツとクラメール　74

自明でない解を持つ条件　77

自明でない解の一例　79

終結式と行列式　80

2次方程式の終結式　82

シルベスター　85

第4章

行列の数値計算 ・・・・・・・・・・・・・・・・・・・・・・・・・・・91

クラメールの公式はほとんど使われていない？ 92
ガウスの消去法 94
表計算ソフトで行列を計算してみよう！ 98
行列のかけ算 99
ガウスの消去法の計算 101
ガウスの消去法を使った逆行列の導出 103
数値計算の世界での一歩 105

第5章

空間とベクトルの不思議な関係 ・・・・・・・・・・・107

ベクトルとスカラー 108
3次元での1次従属とは？ 112
別の基底の取り方 116
シュミットの直交化法 120
1次独立かどうかを明らかにする行列式 123
ベクトル空間 125
方程式と1次従属の関係 126

第6章

固有値問題ってなに? ･･･ 133

固有値問題　134
固有値問題の実例　134
行列の対角化　137
異なる固有値に属する固有ベクトルは1次独立である　139
行列の固有値が重解だった場合　141
3次の正方行列が重解を持つ場合　144
対角化が可能であるかどうかの見分け方　150
相似な行列　152
相似な行列のさらにおもしろい性質　154

第7章

複素数を含む行列 ･･･ 159

複素数とは　160
複素数を座標に表示する方法　162
複素数=複素数のとき複素共役も等号が成り立つ　164
複素数の内積とは　165
共役転置行列　168
エルミート行列　170
エルミート　172
エルミート行列の固有値は必ず実数になる　174
エルミート行列の異なる固有値に属する固有ベクトルは直交する　177
エルミート行列はユニタリ行列を使って対角化できる　179

第8章

量子力学との関わり ……………… 183

行列と量子力学　184

シュレディンガー方程式　184

物理量の求め方　187

ブラケット表示　188

シュレディンガー方程式の解の例　189

規格化条件　194

電子のエネルギーを求める　196

エルミート演算子　197

エルミート演算子の固有値は実数である　200

エルミート演算子の異なる固有値の固有関数は直交する　203

演算子の行列表現　205

エルミート行列へ　207

付録　212

おわりに　220

参考文献　222

さくいん　224

第1章

行列は方程式を解くためのツール

■「線形」とは、どんな意味だろう?

行列を扱う数学を、線形代数と呼びます。この「線形」の意味がよくわからないという読者は少なくないでしょう。線形代数は英語では linear-algebra (リニア アルジェブラ) と呼びます。linear が線形で、algebra が代数です。linear は line (ライン:直線) の形容詞ですから、「直線の」という意味です。

では何が直線なのかですが、これは変数と変数の関係です。たとえば、

$$y = x \tag{1-1}$$

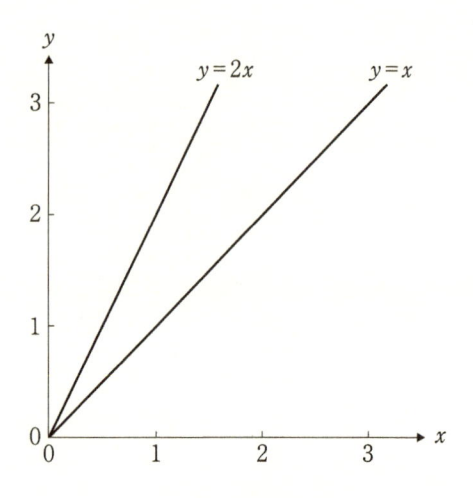

や

図1-1 線形の関係

$$y = 2x$$

という式は、グラフにすると、図1-1のように直線になります。この関係は、中学までに習った**比例関係**ですが、直線になるので**線形**の関係と呼ぶのです。

変数と変数の関係には、直線ではないものもあります。たとえば、

$$y = 2x^2 \tag{1-2}$$

は、図1-2のように直線ではありません。これは線形ではないので、**非線形**の関係と呼びます。(1-2) 式では右辺は x の2乗（2次）ですが、3乗（3次）や4乗（4次）の場合も非線形です。

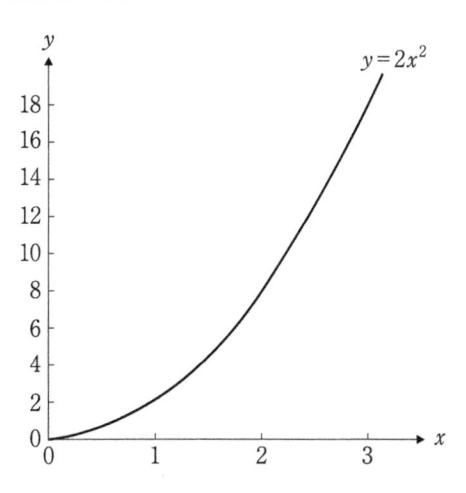

図1-2 非線形の関係

グラフにしたとき直線であるのは、(1-1) 式のように x の1乗、つまり1次の式の場合だけです。したがって、線形代数で扱う数式は基本的には1次の式だけで構成されています。たとえば、

$$z = 2x + 3y$$

のようにです。

ただし、注意しないといけないのは、変数のとり方によっては、2次や3次の関係も線形に変えられることです。たとえば、(1-2) 式の x^2 を、あらたに $\varepsilon \equiv x^2$（ε：イプシロン）という変数に置き換えたとしましょう（「$\equiv$」は、定義を表します）。それで、横軸を ε にとると、図1-3のように、ε と y の関係は線形になります。(1-2) 式は、x

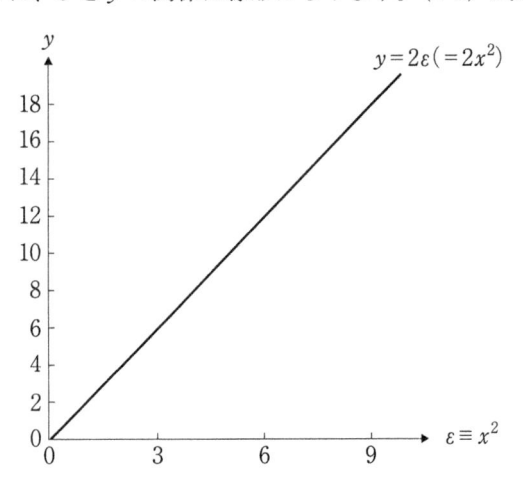

図1-3　x^2 と y の関係は線形

と y の関係においては非線形ですが、x^2 と y の関係においては線形であるわけです。

■算数の鶴亀算を行列で書くと

この「1次の式の世界」に、踏み込んでいきましょう。1次の式は、小学校の算数でたくさん登場しました。算数の教科書や問題集には、こんな問題が載っていたことでしょう。

＊さゆりさんとのぞむ君とまさこさんが、コンビニでお菓子を買いました。さゆりさんは、チョコレート1個とアメ2個とガム1個を買って、270円払いました。また、のぞむ君は、チョコレート1個とアメ1個を買って150円でした。まさこさんは、チョコレート1個とアメ1個とガム1個を買うと、220円でした。チョコレート、アメ、ガムのそれぞれの値段はいくらでしょう。

小学校時代は、これを鶴亀算で解いたものです。しかし、ここではレベルを中学生レベルに上げて、変数を使って方程式を書いてみましょう。チョコレート1個の値段を x とし、アメ1個の値段を y とし、ガム1個の値段を z とします。すると、

$$1x + 2y + 1z = 270 \tag{1-3}$$
$$1x + 1y \phantom{{}+1z} = 150 \tag{1-4}$$
$$1x + 1y + 1z = 220 \tag{1-5}$$

と書けます。これは「1次式による連立方程式」です。この3つの式は、さらに行列を使うと、次のように書き直せます。

$$\begin{pmatrix} 1 & 2 & 1 \\ 1 & 1 & 0 \\ 1 & 1 & 1 \end{pmatrix} \begin{pmatrix} x \\ y \\ z \end{pmatrix} = \begin{pmatrix} 270 \\ 150 \\ 220 \end{pmatrix} \quad (1\text{-}6)$$

　　　　↑　　　　↑　　　　↑
　　　　行列　　列ベクトル

　この式の、いちばん左の「縦3列で横3行の部分」を**行列**と言います。この行列のように、縦と横の項の数が同じ行列を**正方行列**と呼びます。また、その項の数を**次数**と言います。この行列では項の数は縦横それぞれ3なので、**3次の正方行列**と呼びます。

　行列の右の「縦1列で横3行の部分」は**列ベクトル**と呼びます。この式の計算のルールは、<u>行列は左から右に、ベクトルは上から下に</u>、それぞれ1つずつの項をかけて、その和をとることです。そうすれば、(1-6) 式は行列を使わない方程式である (1-3)〜(1-5) 式と一致します。

　ちなみに、行列とベクトルをもう少し一般的に

$$\begin{pmatrix} a_{11} & a_{12} & a_{13} \\ a_{21} & a_{22} & a_{23} \\ a_{31} & a_{32} & a_{33} \end{pmatrix} \begin{pmatrix} x_1 \\ x_2 \\ x_3 \end{pmatrix} = \begin{pmatrix} b_1 \\ b_2 \\ b_3 \end{pmatrix} \quad (1\text{-}7)$$

と書くことにすると、この計算のルールは

$$a_{11}x_1 + a_{12}x_2 + a_{13}x_3 = b_1 \qquad (1\text{-}8)$$
$$a_{21}x_1 + a_{22}x_2 + a_{23}x_3 = b_2 \qquad (1\text{-}9)$$
$$a_{31}x_1 + a_{32}x_2 + a_{33}x_3 = b_3 \qquad (1\text{-}10)$$

となります（変数 x, y, z を x_1, x_2, x_3 に替えています）。ここで行列の構成要素である a_{ij} を**元**とか**成分**と呼びます。(1-8) 式はさらにまとめると、

$$\sum_{j=1}^{3} a_{1j}x_j = b_1$$

と書けます。$\sum_{j=1}^{3}$ は和を表す記号で $j=1$ から 3 まで足すことを表します（j は整数です）。

(1-8) 式から (1-10) 式までをさらにまとめると、変数 $i=1, 2, 3$ に対して

$$\sum_{j=1}^{3} a_{ij}x_j = b_i \quad (i=1, 2, 3) \qquad (1\text{-}11)$$

と書けます。この式は (1-7) 式と比べると、相当スペースが節約できるのが特徴です。

また、別の書き方として

$$\mathbf{A} \equiv \begin{pmatrix} a_{11} & a_{12} & a_{13} \\ a_{21} & a_{22} & a_{23} \\ a_{31} & a_{32} & a_{33} \end{pmatrix}, \quad \mathbf{x} \equiv \begin{pmatrix} x_1 \\ x_2 \\ x_3 \end{pmatrix}, \quad \mathbf{b} \equiv \begin{pmatrix} b_1 \\ b_2 \\ b_3 \end{pmatrix}$$

と定義して

$$\mathbf{A}\mathbf{x}=\mathbf{b} \qquad (1\text{-}12)$$

と書くこともできます。これらの (1-7) 式、(1-11) 式、(1-12) 式は、表現は異なっていますが、中身は同じです。

なお、行列 $\mathbf{A}$ の a_{11}, a_{22}, a_{33} の項は、左上から右下への対角線上にあるので**対角項**と呼び、対角項以外の項は**非対角項**と呼びます。また、この対角項の和を**トレース**と呼びますが、トレースは次のような式で表します。

$$\mathrm{tr}\mathbf{A}=a_{11}+a_{22}+a_{33}$$

行列の対角項は、本書の後半で見るように、たいへん重要な項です。ですから、その対角項の足し算であるトレースも同様に重要です。

■普通の方程式の解き方:消去法

さて、鶴亀算の方程式である (1-3)〜(1-5) 式を、まず普通の消去法で解いてみましょう。消去法とは、変数の数を減らしていく解き方です。(1-3)〜(1-5) 式を眺めてみると、(1-5) 式から (1-4) 式を引くと、z が求まることがわかります。この計算(これをステップ A とします)で

$$z=70$$

が求まります。次に (1-3) 式に $z=70$ を代入すると(これをステップ B とします)

$$1x + 2y = 200 \qquad (1\text{-}13)$$

となります。続いて (1-13) 式から (1-4) 式を引くと（これをステップCとします）

$$y = 50$$

が求まり、(1-4) 式に $y=50$ を代入すると（これをステップDとします）

$$x = 100$$

が得られます。これで方程式が解けました。チョコレートは100円で、アメは50円、そしてガムは70円であることがわかりました。

もちろん、消去法の計算の順番はこれに限られるわけではありません。次は、いよいよ行列を使ってこの方程式を解いてみましょう。

■拡大係数行列を使った方程式の解き方

行列を使って方程式を解くには、次のような行列を使います。それは、行列 $\mathbf{A}$ と列ベクトル $\mathbf{b}$ をひとまとめにした行列

$$\begin{pmatrix} 1 & 2 & 1 & 270 \\ 1 & 1 & 0 & 150 \\ 1 & 1 & 1 & 220 \end{pmatrix}$$

です。これを**拡大係数行列**と呼びます。先ほどのステップ

AからDの計算をこの行列で行うことができます。そのときに、次のような「行の計算」を行います。**行**とは、行列の成分の「横の並び」のことで、縦の並びは**列**と呼びます。

(1)ある行を数倍にする（割り算も可とします）
(2)ある行を別の行に足す

また、この(1)と(2)を組み合わせると、

(3)ある行を数倍したものを、別の行に足す

ことも可能です。それから、

(4)行と行を交換する

も行ってもよいことにしましょう。これらの計算を**行の基本変形**と呼びます。

さて、ステップAに対応する基本変形は、拡大係数行列の3行目から2行目を引くことです。よって、

$$3行目 - 2行目 \quad \rightarrow \begin{pmatrix} 1 & 2 & 1 & 270 \\ 1 & 1 & 0 & 150 \\ 0 & 0 & 1 & 70 \end{pmatrix} \quad ①$$

となります。次に、ステップBに対応する基本変形は、1行目から3行目を引くことです。よって、

$$1\text{行目} - 3\text{行目} \quad \rightarrow \begin{pmatrix} 1 & 2 & 0 & 200 \\ 1 & 1 & 0 & 150 \\ 0 & 0 & 1 & 70 \end{pmatrix} \quad ②$$

となります。次に、ステップCに対応する基本変形は、1行目から2行目を引くことです。よって、

$$1\text{行目} - 2\text{行目} \quad \rightarrow \begin{pmatrix} 0 & 1 & 0 & 50 \\ 1 & 1 & 0 & 150 \\ 0 & 0 & 1 & 70 \end{pmatrix} \quad ③$$

となります。次に、ステップDに対応する基本変形は、2行目から1行目を引くことです。よって、

$$2\text{行目} - 1\text{行目} \quad \rightarrow \begin{pmatrix} 0 & 1 & 0 & 50 \\ 1 & 0 & 0 & 100 \\ 0 & 0 & 1 & 70 \end{pmatrix} \quad ④$$

となります。最後に1行目と2行目を入れ替えます。すると、

$$1\text{行目と2行目の交換} \quad \rightarrow \begin{pmatrix} 1 & 0 & 0 & 100 \\ 0 & 1 & 0 & 50 \\ 0 & 0 & 1 & 70 \end{pmatrix} \quad ⑤$$

となります。このいちばん右の列を見ると、未知数 x, y, z が求まったことがわかります。先ほどと同じ答えが得られています。このように行の基本変形を使うと、方程式が解けるのです。おもしろいですね。

なお、連立方程式を解く過程では、列の交換を要することもあります。拡大係数行列を使って方程式を解く場合に許される「列の基本変形」は、

列と列を交換する（ただし、いちばん右の列は不可）

だけです。このときは、変数も替わるので注意する必要があります。

■小行列：行列の中の小さな行列

　行列の中に含まれる部分的な行列を、**小行列**と呼びます。ここで、注意すべきことは、先ほどの⑤の拡大係数行列がとてもおもしろい形をしていることです。そうです、左側の横3行、縦3列の小行列は、対角線上に1が並んでいます。このような行列を**単位行列**と呼びます。

$$単位行列 = \begin{pmatrix} 1 & 0 & 0 \\ 0 & 1 & 0 \\ 0 & 0 & 1 \end{pmatrix}$$

　この単位行列は、通常は記号 **E** で表します。単位行列はこのあと頻出するので、しっかり頭の中に入れておきましょう。

　拡大係数行列を使って方程式を解く場合には、拡大係数行列の中の左側の小行列が⑤のように単位行列になるように、行の基本変形をすればよいということです。

■階数

拡大係数行列を使って方程式を解くとき、「解は1組だけ存在するのか、あるいは、解は無数に存在するのか、それとも解は存在しないのか」を判定する方法があります。その方法では、**階数**という数を使います。

正方行列 **A** や、拡大係数行列 **B** は、行の基本変形を何回か繰り返すと、**階段行列**に変形できます。階段行列というのは次のようなもので、0になっている左下の領域との境界を見ると階段状になっています。

$$\begin{pmatrix} 1 & 2 & 1 & 270 \\ 0 & 2 & 5 & 150 \\ 0 & 0 & 0 & 0 \end{pmatrix} \begin{matrix} \uparrow \\ \text{階} \\ \text{数} \\ \textbf{2} \\ \downarrow \end{matrix} \qquad \begin{pmatrix} 3 & 2 & 8 & 4 \\ 0 & 7 & 9 & 1 \\ 0 & 0 & 0 & 6 \\ 0 & 0 & 0 & 0 \end{pmatrix} \begin{matrix} \uparrow \\ \text{階} \\ \text{数} \\ \textbf{3} \\ \downarrow \end{matrix}$$

階数は、階段行列の「ゼロでない行数」のことです。

階数＝階段行列のゼロでない行数

この2つの行列の例では、左の行列の階数が2で、右の行列の階数は3です。階数は英語では rank（ランク）と書きます。ランキングのランクです。

■階数と解の重要な関係

この階数と解の間には、次のようなおもしろい関係があります。正方行列を **A** とし、拡大係数行列を **B** とすると、

| 解がある | ⟷ | Aの階数＝Bの階数 |
| 解がない | ⟷ | Aの階数＜Bの階数 |

という関係です。これは解があるかどうかを判別する重要な関係です。どうしてこうなるかは、次節以降で考えましょう。

これら以外の場合として、

$$\text{Aの階数} > \text{Bの階数}$$

の場合はどうなるのだろうか、と心配になる方もいるでしょう。しかし拡大係数行列は、行列 A にもう 1 列の列ベクトルの列が加わってできているので、こういう関係は存在しないのです。

例を 1 つ見てみましょう。次の拡大係数行列 B は、行列 A の階数は 3 ですが、いちばん右の列の 3 行目は 0 という場合です。

$$\begin{pmatrix} 1 & 1 & 0 & 150 \\ 0 & 1 & 1 & 120 \\ 0 & 0 & 1 & 0 \end{pmatrix}$$

パッと見ると、「Aの階数＞Bの階数」の関係が成り立っているのではないかと、誤解しがちです。しかし、よく見ると、この拡大係数行列 B の階数は、左側の小行列 A の階数で決まる 3 であり、行列 A の階数 3 と同じであることがわかります。つまり、「Aの階数＞Bの階数」という場合は存在しないのです。

■階数と方程式の関係

解の有無と、階数がどうして関係するのか考えてみましょう。まず、解が求まる場合は、先ほど見たように、拡大係数行列

$$\begin{pmatrix} a_{11} & a_{12} & a_{13} & b_1 \\ a_{21} & a_{22} & a_{23} & b_2 \\ a_{31} & a_{32} & a_{33} & b_3 \end{pmatrix}$$

に行の基本変形を施すことによって最後に

$$\begin{pmatrix} 1 & 0 & 0 & c_1 \\ 0 & 1 & 0 & c_2 \\ 0 & 0 & 1 & c_3 \end{pmatrix}$$

という形にたどり着ける場合でした。つまり、変形後の拡大係数行列の左側部分の小行列が単位行列になる場合です。この最後の拡大係数行列を方程式に戻すと、

$$x_1 = c_1$$
$$x_2 = c_2$$
$$x_3 = c_3$$

になり、これはそのまま解を表しています。この場合、正方行列 $\mathbf{A}$ の階数と拡大係数行列 $\mathbf{B}$ の階数はともに3であり、「$\mathbf{A}$ の階数=$\mathbf{B}$ の階数」が成立していることがわかります。

では、解が求まらないのはどういう場合でしょうか。先ほど

行列 **A** の階数＜拡大係数行列 **B** の階数

であると述べました。そのような実例を１つ見ておきましょう。たとえば、次のような場合です。

$$\begin{bmatrix} 1 & 0 & 0 & 2 \\ 0 & 1 & 0 & 4 \\ 0 & 0 & 0 & 6 \end{bmatrix}$$

この場合には、

行列 **A** の階数２＜拡大係数行列 **B** の階数３

が成り立っています。この拡大係数行列を (1-3)〜(1-5) 式のような方程式に直すと

$$x=2$$
$$y=4$$
$$0 \times z=6$$

となります。３行目の式は成り立ちません。０にどんな数をかけても０になります。したがって、この式を満たす解は存在しないのです。つまり、「**A** の階数＜**B** の階数」の場合というのは、もともと方程式が成り立っていないのです。

■解は１組か？　あるいは無数に存在するか？
　さて、解が存在する場合にも、解が１組しか存在しない場合と、解が無数に存在する場合があります。これも階数

第1章 行列は方程式を解くためのツール

を使って判別できます。未知数の個数を n としたとき、

階数＝n　　なら、解はただ1組存在し、
階数＜n　　なら、解は無数に存在します。

たとえば、次の例では、未知数の個数は3で、階数は2なので、解は無数に存在することになります。

$$\begin{pmatrix} 1 & 1 & 0 & 150 \\ 0 & 1 & 1 & 120 \\ 0 & 0 & 0 & 0 \end{pmatrix}$$

これを変数を x, y, z とする方程式に戻してみましょう。

$$x + y = 150 \qquad (1\text{-}14)$$
$$y + z = 120 \qquad (1\text{-}15)$$
$$0 = 0 \qquad (1\text{-}16)$$

変数を求めるのに使える式は（1-14）式と（1-15）式の2つだけで、変数は3つです。（1-16）式は成立しますが、変数を含んでいないので方程式を解くのには役に立ちません。つまりこの例から

階数＝解を求めるために使える式の個数

であることがわかります。「使える式の個数」が「変数の個数」より少ない場合には、解は無数にあります。たとえば、（1-14）式に $x=50$ を代入すると、$y=100$ であることがわかります。次に、（1-15）式に $y=100$ を代入すると、$z=20$ が求まります。これで、

$$x=50, \quad y=100, \quad z=20$$

という解が求まりました。しかし、解はこれだけではありません。$x=30$ を (1-14) 式に代入して同じように計算すると、次のような別の解が求まります。

$$x=30, \quad y=120, \quad z=0$$

また、$x=20$ を (1-14) 式に代入して同じように計算しても別の解が求まります。つまり解は無数にあるわけです。

ただし、解は無数にあると言っても、(1-14) 式と (1-15) 式の制約があるので、自由に動かせる変数はどれか1つだけになります。たとえば、x の値を自由に選ぶとすると、(1-14) 式の制約によって y の値はただ1つに決まります。y の値が決まると、(1-15) 式から z の値もただ1つに決まります。つまり、x の値は自由に選べますが、y と z の値は決まってしまいます。ですから、自由に動かせる変数は1つだけです。この自由に動かせる変数の個数を、解の**自由度**と呼びます。

解が1組しかないのは、方程式の個数と変数の個数が同じときです。たとえば、変数が2つの場合の最も簡単な方程式の一例は、

$$x=2$$
$$y=4$$

です。これは方程式であると同時に、すでに解は求まっています。方程式の個数と変数の個数が同じときに解が1組

第1章　行列は方程式を解くためのツール

しかないことが、この例でよくわかります。

　この2つの式を適当に足したり引いたりすれば、もっと方程式らしくなります。たとえば、両式を足した場合と、引いた場合の式を書くと

$$x+y=6$$
$$x-y=-2$$

となり、方程式らしくなりましたね。これも拡大係数行列に書き換えると階数は2です。

　では、さらに階数が小さいときはどうなるでしょうか。たとえば、次のような例です。

$$\begin{pmatrix} 1 & 1 & 1 & 150 \\ 0 & 0 & 0 & 0 \\ 0 & 0 & 0 & 0 \end{pmatrix}$$

　階数は見てのとおりで1です。これを方程式に直すと、

$$x+y+z=150 \qquad (1\text{-}17)$$

となります。先ほどの場合は、(1-14) 式と (1-15) 式の $x+y=150$ という制約と $y+z=120$ という制約がありました。今回はそれらの制約はなく、あるのは (1-17) 式の制約だけです。少し考えると、この場合は自由に動かせる変数が2つあることに気づきます。たとえば、y と z がどんな値をとっても、(1-17) 式を満たす x は存在します。先ほどは、動かせる変数が1つだけでしたが、この場合では2つに増えたわけです。つまり解の自由度は2です。

これらの例から、次のような関係があることがわかります。

解の自由度＝未知数の個数－階数

先ほどの場合	1	＝	3	－	2
今回	2	＝	3	－	1

これは、とてもおもしろい関係ですね。

本章では方程式を行列を使って解く方法を身につけました。行の基本変形が大いに役立ちました。しかも、「解があるかないかがわかる式」や、解がある場合に「解の自由度がいくつになるかがわかる式」も頭の中に入れました。大きな第一歩でした。特に階数がとても重要な役割を果たすことがわかりました。

では、本章の結果をまとめておきましょう。
まず、階数と未知数の個数、そして解の関係です。

☆　行列 A の階数 ＜ 拡大係数行列 B の階数　　　　　　→ 解はない

☆　行列 A の階数 ＝ 拡大係数行列 B の階数 ＝ 未知数の個数 → 1組の解がある

☆　行列 A の階数 ＝ 拡大係数行列 B の階数 ＜ 未知数の個数 → 無数の解がある

また、「解がある」場合には、解の自由度と行列の次数の間に

☆　**解の自由度＝未知数の個数－階数**

の関係が成り立っています。

　次章では、単位行列と逆行列という、なくてはならない重要な行列を見てみましょう。

注：各章末のまとめの重要項目には、☆を付けてあります。マスターした項目の☆を塗りつぶしていくと、到達度の確認に役立つことでしょう。

第2章

単位行列と逆行列

■単位行列

第1章で現れた単位行列を、少し詳しく見てみましょう。行の基本変形を使った⑤の例で明らかになったことは、拡大係数行列を使って方程式を解くときには、「拡大係数行列の左側の小行列が単位行列になるように変形すればよい」ということでした。なぜここが単位行列になれば解が求められるのか、それを本章の後半で見てみましょう。

まずその前に、単位行列には2次や4次のものもあるので、それも記しておきます。

$$\begin{pmatrix} 1 & 0 \\ 0 & 1 \end{pmatrix} \quad \begin{pmatrix} 1 & 0 & 0 & 0 \\ 0 & 1 & 0 & 0 \\ 0 & 0 & 1 & 0 \\ 0 & 0 & 0 & 1 \end{pmatrix}$$

このように「単位行列は正方行列である」ことに注意しておきましょう。この単位行列には、おもしろい特徴があります。それはこれに同じ行数の正方行列 $\mathbf{A}$ をかけると、やはり $\mathbf{A}$ になることです。この関係(すぐ後ろで確かめます)を式で書くと

$$\mathbf{AE} = \mathbf{EA} = \mathbf{A} \quad (2\text{-}1)$$

となります。

この関係を確かめる前に、2行2列のかけ算を見ておきましょう。2行2列のかけ算は、

$$\begin{pmatrix} a_{11} & a_{12} \\ a_{21} & a_{22} \end{pmatrix} \begin{pmatrix} b_{11} & b_{12} \\ b_{21} & b_{22} \end{pmatrix} = \begin{pmatrix} a_{11}b_{11}+a_{12}b_{21} & a_{11}b_{12}+a_{12}b_{22} \\ a_{21}b_{11}+a_{22}b_{21} & a_{21}b_{12}+a_{22}b_{22} \end{pmatrix}$$

という関係です。この行列のかけ算では、かける順番を逆にしたもの（交換したもの）は、元のかけ算とは、必ずしも等しくはないことに注意しましょう。

AB と BA は、等しいとは限らない

のです。つまり、乗法（かけ算）の交換法則は一般には成り立ちません（単位行列は例外です）。実際に2行2列の場合の BA の成分を書いてみると

$$\begin{pmatrix} b_{11} & b_{12} \\ b_{21} & b_{22} \end{pmatrix} \begin{pmatrix} a_{11} & a_{12} \\ a_{21} & a_{22} \end{pmatrix} = \begin{pmatrix} a_{11}b_{11}+a_{21}b_{12} & a_{12}b_{11}+a_{22}b_{12} \\ a_{11}b_{21}+a_{21}b_{22} & a_{12}b_{21}+a_{22}b_{22} \end{pmatrix}$$

となって、先ほどの AB の成分とは異なっています。

行列の計算では、一般には、乗法の交換法則は成立しないと述べましたが、それ以外の法則は成立します。ここにすべて挙げておきましょう。

	加法（足し算）	乗法（かけ算）
結合法則	$(A+B)+C=A+(B+C)$	$(AB)C=A(BC)$
交換法則	$A+B=B+A$	成立しない
分配法則	$A(B+C)=AB+AC$	$(A+B)C=AC+BC$

さて、単位行列とのかけ算に戻ると、まず2行2列の場合の AE を計算してみると、

$$\mathbf{AE} = \begin{pmatrix} a_{11} & a_{12} \\ a_{21} & a_{22} \end{pmatrix} \begin{pmatrix} 1 & 0 \\ 0 & 1 \end{pmatrix} = \begin{pmatrix} a_{11} & a_{12} \\ a_{21} & a_{22} \end{pmatrix} = \mathbf{A}$$

となり $\mathbf{A}$ と等しくなっています。また、$\mathbf{EA}$ も計算してみると

$$\mathbf{EA} = \begin{pmatrix} 1 & 0 \\ 0 & 1 \end{pmatrix} \begin{pmatrix} a_{11} & a_{12} \\ a_{21} & a_{22} \end{pmatrix} = \begin{pmatrix} a_{11} & a_{12} \\ a_{21} & a_{22} \end{pmatrix} = \mathbf{A}$$

となります。したがって、(2-1) 式が成り立っています。

3行3列の場合も計算してみましょう。すると確かに

$$\begin{pmatrix} a_{11} & a_{12} & a_{13} \\ a_{21} & a_{22} & a_{23} \\ a_{31} & a_{32} & a_{33} \end{pmatrix} \begin{pmatrix} 1 & 0 & 0 \\ 0 & 1 & 0 \\ 0 & 0 & 1 \end{pmatrix} = \begin{pmatrix} 1 & 0 & 0 \\ 0 & 1 & 0 \\ 0 & 0 & 1 \end{pmatrix} \begin{pmatrix} a_{11} & a_{12} & a_{13} \\ a_{21} & a_{22} & a_{23} \\ a_{31} & a_{32} & a_{33} \end{pmatrix} = \begin{pmatrix} a_{11} & a_{12} & a_{13} \\ a_{21} & a_{22} & a_{23} \\ a_{31} & a_{32} & a_{33} \end{pmatrix}$$

となり、$\mathbf{AE} = \mathbf{EA} = \mathbf{A}$ が成立しています。

このように単位行列は、普通の数字のかけ算では「1」に相当するもので、数字の1がとても大事なように、単位行列もとても大事な働きをします。

単位行列はまた、列ベクトルとのかけ算においても同様に

$$\mathbf{Eb} = \mathbf{b} \qquad (2\text{-}2)$$

という関係があります。こちらも3行3列の単位行列で計算してみると

$$\begin{pmatrix} 1 & 0 & 0 \\ 0 & 1 & 0 \\ 0 & 0 & 1 \end{pmatrix} \begin{pmatrix} x \\ y \\ z \end{pmatrix} = \begin{pmatrix} x \\ y \\ z \end{pmatrix}$$

となっています。

■逆行列

　この単位行列と同じく、とても大事な行列に、**逆行列**というものがあります。記号としては、行列 $\mathbf{A}$ の逆行列は $\mathbf{A}^{-1}$ で表します。この「-1」は、インバースと読みます。$\mathbf{A}^{-1}$ の読み方は、「エー インバース」です。この逆行列の性質は、逆行列 $\mathbf{A}^{-1}$ と元の行列 $\mathbf{A}$ をかけると単位行列 $\mathbf{E}$ になるというものです。式で書くと

$$\mathbf{A}\mathbf{A}^{-1} = \mathbf{E}$$

であり、かつ

$$\mathbf{A}^{-1}\mathbf{A} = \mathbf{E}$$

です。

　さらにまとめて書くと

$$\mathbf{A}\mathbf{A}^{-1} = \mathbf{A}^{-1}\mathbf{A} = \mathbf{E} \qquad (2\text{-}3)$$

です。

　この逆行列はどんな行列にも存在するわけではありません。逆行列が存在する行列を、**正則な行列**と呼びます。「正則」という漢字の言葉の意味がつかみにくいかもしれ

ませんが、国語辞典によると普通の意味は「規則どおりであること」を意味するようです。つまり「規則正しい生活」などと同じ意味です。「健康のために規則正しい生活を心がけよう」と言った場合には、規則正しい生活の判断基準は、早寝早起きだったりします。「規則正しい行列」であるための基準は「逆行列が存在すること」になります。

■逆行列と方程式の関係

この逆行列と方程式を解くこととの間には密接な関係があります。

$$\mathbf{A}\mathbf{x} = \mathbf{b}$$

という方程式に逆行列を左からかけると

$$\mathbf{A}^{-1}\mathbf{A}\mathbf{x} = \mathbf{A}^{-1}\mathbf{b}$$

となります。左辺は (2-3) 式の $\mathbf{A}^{-1}\mathbf{A} = \mathbf{E}$ の関係から

$$\mathbf{E}\mathbf{x} = \mathbf{A}^{-1}\mathbf{b}$$

となります。(2-2) 式より $\mathbf{E}\mathbf{x} = \mathbf{x}$ なので

$$\mathbf{x} = \mathbf{A}^{-1}\mathbf{b} \qquad (2\text{-}4)$$

です。よって、逆行列がわかればそれを使って $\mathbf{A}^{-1}\mathbf{b}$ を計算すれば解が求まるということになります。

第2章 単位行列と逆行列

■行の基本変形を使った逆行列の求め方

第1章では、行の基本変形を使って方程式を解きました。この行の基本変形を使って逆行列も求めることができます。

その方法ですが、行列とベクトルを並べた拡大係数行列ではなく、行列 $\mathbf{A}$ と単位行列 $\mathbf{E}$ を左右に並べた次のような行列を使います。

$$\begin{pmatrix} 1 & 2 & 1 & 1 & 0 & 0 \\ 1 & 1 & 0 & 0 & 1 & 0 \\ 1 & 1 & 1 & 0 & 0 & 1 \end{pmatrix}$$

これに、第1章と同じように行の基本変形を行います。すると、この行列の左半分は、第1章と同じように単位行列の形になるはずです。順番にやってみましょう。

3行目 − 2行目 → $\begin{pmatrix} 1 & 2 & 1 & 1 & 0 & 0 \\ 1 & 1 & 0 & 0 & 1 & 0 \\ 0 & 0 & 1 & 0 & -1 & 1 \end{pmatrix}$ ①

1行目 − 3行目 → $\begin{pmatrix} 1 & 2 & 0 & 1 & 1 & -1 \\ 1 & 1 & 0 & 0 & 1 & 0 \\ 0 & 0 & 1 & 0 & -1 & 1 \end{pmatrix}$ ②

1行目 − 2行目 → $\begin{pmatrix} 0 & 1 & 0 & 1 & 0 & -1 \\ 1 & 1 & 0 & 0 & 1 & 0 \\ 0 & 0 & 1 & 0 & -1 & 1 \end{pmatrix}$ ③

2行目−1行目 → $\begin{pmatrix} 0 & 1 & 0 & 1 & 0 & -1 \\ 1 & 0 & 0 & -1 & 1 & 1 \\ 0 & 0 & 1 & 0 & -1 & 1 \end{pmatrix}$ ④

1行目と2行目
を交換 → $\begin{pmatrix} 1 & 0 & 0 & -1 & 1 & 1 \\ 0 & 1 & 0 & 1 & 0 & -1 \\ 0 & 0 & 1 & 0 & -1 & 1 \end{pmatrix}$ ⑤

これでこの行列の左半分の小行列は、先ほどと同じく単位行列の形になりました。このときの右半分の小行列

$$\begin{pmatrix} -1 & 1 & 1 \\ 1 & 0 & -1 \\ 0 & -1 & 1 \end{pmatrix}$$

は何になっているのでしょうか。

答を言うと、実は行列 **A** の逆行列になっています。何故そうなるのか？　その謎解きにこれから取り組みましょう。

■行の基本変形は行列のかけ算で表せる

この謎解きには、

行の基本変形＝行列のかけ算

というおもしろい関係を理解する必要があります。たとえば行列の1行目を k 倍するのは、次のような k を成分として含む正方行列

$$\begin{pmatrix} k & 0 & 0 \\ 0 & 1 & 0 \\ 0 & 0 & 1 \end{pmatrix}$$

をかけるのと同じです。3行の拡大係数行列で試してみましょう。

$$\begin{pmatrix} k & 0 & 0 \\ 0 & 1 & 0 \\ 0 & 0 & 1 \end{pmatrix} \begin{pmatrix} 0 & 1 & 0 & 50 \\ 1 & 1 & 0 & 150 \\ 0 & 0 & 1 & 70 \end{pmatrix} = \begin{pmatrix} 0 & k & 0 & 50k \\ 1 & 1 & 0 & 150 \\ 0 & 0 & 1 & 70 \end{pmatrix}$$

このように1行目だけがk倍されています。

次に、1行目をk倍して3行目に足すのはどうでしょうか? これは、次のような正方行列

$$\begin{pmatrix} 1 & 0 & 0 \\ 0 & 1 & 0 \\ k & 0 & 1 \end{pmatrix}$$

をかけるのと同じです。計算してみましょう。

$$\begin{pmatrix} 1 & 0 & 0 \\ 0 & 1 & 0 \\ k & 0 & 1 \end{pmatrix} \begin{pmatrix} 1 & 2 & 0 & 50 \\ 1 & 1 & 0 & 150 \\ 2 & 3 & 1 & 70 \end{pmatrix} = \begin{pmatrix} 1 & 2 & 0 & 50 \\ 1 & 1 & 0 & 150 \\ k+2 & 2k+3 & 1 & 50k+70 \end{pmatrix}$$

このように確かに1行目をk倍して3行目に足しています。

では、行と行を交換するのは、どのような行列でしょうか。たとえば、2行目と3行目の交換です。これは、次の

ような正方行列

$$\begin{pmatrix} 1 & 0 & 0 \\ 0 & 0 & 1 \\ 0 & 1 & 0 \end{pmatrix}$$

をかけるのと同じです。計算してみましょう。

$$\begin{pmatrix} 1 & 0 & 0 \\ 0 & 0 & 1 \\ 0 & 1 & 0 \end{pmatrix} \begin{pmatrix} 1 & 2 & 0 & 50 \\ 5 & 1 & 7 & 150 \\ 2 & 3 & 1 & 70 \end{pmatrix} = \begin{pmatrix} 1 & 2 & 0 & 50 \\ 2 & 3 & 1 & 70 \\ 5 & 1 & 7 & 150 \end{pmatrix}$$

確かに2行目と3行目が交替しています。このように行の基本変形はすべて行列のかけ算で表せます。

■行の基本変形を行列のかけ算に置き換える

前章の①から⑤までの行の基本変形も順番に行列で表してみましょう。

まず①の基本変形（3行目−2行目）は、

$$\begin{pmatrix} 1 & 0 & 0 \\ 0 & 1 & 0 \\ 0 & -1 & 1 \end{pmatrix} \begin{pmatrix} 1 & 2 & 1 & 270 \\ 1 & 1 & 0 & 150 \\ 1 & 1 & 1 & 220 \end{pmatrix} = \begin{pmatrix} 1 & 2 & 1 & 270 \\ 1 & 1 & 0 & 150 \\ 0 & 0 & 1 & 70 \end{pmatrix}$$

です。次に②の基本変形（1行目−3行目）は、

$$\begin{pmatrix} 1 & 0 & -1 \\ 0 & 1 & 0 \\ 0 & 0 & 1 \end{pmatrix} \begin{pmatrix} 1 & 2 & 1 & 270 \\ 1 & 1 & 0 & 150 \\ 0 & 0 & 1 & 70 \end{pmatrix} = \begin{pmatrix} 1 & 2 & 0 & 200 \\ 1 & 1 & 0 & 150 \\ 0 & 0 & 1 & 70 \end{pmatrix}$$

です。さらに③の基本変形（1行目−2行目）は、

$$\begin{pmatrix} 1 & -1 & 0 \\ 0 & 1 & 0 \\ 0 & 0 & 1 \end{pmatrix} \begin{pmatrix} 1 & 2 & 0 & 200 \\ 1 & 1 & 0 & 150 \\ 0 & 0 & 1 & 70 \end{pmatrix} = \begin{pmatrix} 0 & 1 & 0 & 50 \\ 1 & 1 & 0 & 150 \\ 0 & 0 & 1 & 70 \end{pmatrix}$$

です。また、④の基本変形（2行目−1行目）は、

$$\begin{pmatrix} 1 & 0 & 0 \\ -1 & 1 & 0 \\ 0 & 0 & 1 \end{pmatrix} \begin{pmatrix} 0 & 1 & 0 & 50 \\ 1 & 1 & 0 & 150 \\ 0 & 0 & 1 & 70 \end{pmatrix} = \begin{pmatrix} 0 & 1 & 0 & 50 \\ 1 & 0 & 0 & 100 \\ 0 & 0 & 1 & 70 \end{pmatrix}$$

です。最後に⑤の基本変形（1行目と2行目の交換）は、

$$\begin{pmatrix} 0 & 1 & 0 \\ 1 & 0 & 0 \\ 0 & 0 & 1 \end{pmatrix} \begin{pmatrix} 0 & 1 & 0 & 50 \\ 1 & 0 & 0 & 100 \\ 0 & 0 & 1 & 70 \end{pmatrix} = \begin{pmatrix} 1 & 0 & 0 & 100 \\ 0 & 1 & 0 & 50 \\ 0 & 0 & 1 & 70 \end{pmatrix}$$

です。

■複数の行の基本変形を1つの行列にまとめよう

さてこのように、「行列のかけ算」で「行の基本変形」が行えるということは、このすべてのかけ算を行列 $\mathbf{A}$ に左からかけると、ここで見たように、拡大係数行列の左側部分の小行列は単位行列になることを意味しています。実際にここで使った行列のかけ算を計算してみると

$$\begin{pmatrix} 0 & 1 & 0 \\ 1 & 0 & 0 \\ 0 & 0 & 1 \end{pmatrix} \begin{pmatrix} 1 & 0 & 0 \\ -1 & 1 & 0 \\ 0 & 0 & 1 \end{pmatrix} \begin{pmatrix} 1 & -1 & 0 \\ 0 & 1 & 0 \\ 0 & 0 & 1 \end{pmatrix} \begin{pmatrix} 1 & 0 & -1 \\ 0 & 1 & 0 \\ 0 & 0 & 1 \end{pmatrix} \begin{pmatrix} 1 & 0 & 0 \\ 0 & 1 & 0 \\ 0 & -1 & 1 \end{pmatrix} \begin{pmatrix} 1 & 2 & 1 & 270 \\ 1 & 1 & 0 & 150 \\ 1 & 1 & 1 & 220 \end{pmatrix}$$

$$= \begin{pmatrix} 1 & 0 & 0 & 100 \\ 0 & 1 & 0 & 50 \\ 0 & 0 & 1 & 70 \end{pmatrix}$$

となり、拡大係数行列の左側部分は単位行列になっています。

この左側の5つの行列のかけ算を求めてみましょう。

$$\begin{pmatrix} 0 & 1 & 0 \\ 1 & 0 & 0 \\ 0 & 0 & 1 \end{pmatrix} \begin{pmatrix} 1 & 0 & 0 \\ -1 & 1 & 0 \\ 0 & 0 & 1 \end{pmatrix} \begin{pmatrix} 1 & -1 & 0 \\ 0 & 1 & 0 \\ 0 & 0 & 1 \end{pmatrix} \begin{pmatrix} 1 & 0 & -1 \\ 0 & 1 & 0 \\ 0 & 0 & 1 \end{pmatrix} \begin{pmatrix} 1 & 0 & 0 \\ 0 & 1 & 0 \\ 0 & -1 & 1 \end{pmatrix}$$

$$= \begin{pmatrix} 0 & 1 & 0 \\ 1 & 0 & 0 \\ 0 & 0 & 1 \end{pmatrix} \begin{pmatrix} 1 & 0 & 0 \\ -1 & 1 & 0 \\ 0 & 0 & 1 \end{pmatrix} \begin{pmatrix} 1 & -1 & 0 \\ 0 & 1 & 0 \\ 0 & 0 & 1 \end{pmatrix} \begin{pmatrix} 1 & 1 & -1 \\ 0 & 1 & 0 \\ 0 & -1 & 1 \end{pmatrix}$$

$$= \begin{pmatrix} 0 & 1 & 0 \\ 1 & 0 & 0 \\ 0 & 0 & 1 \end{pmatrix} \begin{pmatrix} 1 & 0 & 0 \\ -1 & 1 & 0 \\ 0 & 0 & 1 \end{pmatrix} \begin{pmatrix} 1 & 0 & -1 \\ 0 & 1 & 0 \\ 0 & -1 & 1 \end{pmatrix}$$

$$= \begin{pmatrix} 0 & 1 & 0 \\ 1 & 0 & 0 \\ 0 & 0 & 1 \end{pmatrix} \begin{pmatrix} 1 & 0 & -1 \\ -1 & 1 & 1 \\ 0 & -1 & 1 \end{pmatrix}$$

$$= \begin{pmatrix} -1 & 1 & 1 \\ 1 & 0 & -1 \\ 0 & -1 & 1 \end{pmatrix}$$

この行列を $\mathbf{A}'$ と書くことにして、$\mathbf{A}'$ を $\mathbf{A}$ にかけると単位行列 $\mathbf{E}$ になるので、この関係は

$$\mathbf{A}'\mathbf{A} = \begin{pmatrix} -1 & 1 & 1 \\ 1 & 0 & -1 \\ 0 & -1 & 1 \end{pmatrix} \begin{pmatrix} 1 & 2 & 1 \\ 1 & 1 & 0 \\ 1 & 1 & 1 \end{pmatrix} = \begin{pmatrix} 1 & 0 & 0 \\ 0 & 1 & 0 \\ 0 & 0 & 1 \end{pmatrix} = \mathbf{E}$$

と書くことができます。これは逆行列の定義を表す (2-3) 式と同じなので、$\mathbf{A}'$ は逆行列 $\mathbf{A}^{-1}$ であることがわかります。

つまり、行列 $\mathbf{A}$ に行の基本変形を施して単位行列に到達した①から⑤の過程は、逆行列 $\mathbf{A}^{-1}$ を行列 $\mathbf{A}$ にかけることに対応したわけです。

①から⑤の行の基本変形
=逆行列 $\mathbf{A}^{-1}$ のかけ算

行列 A ─────────────→ **単位行列 E**

$\mathbf{A}^{-1}\mathbf{A} = \mathbf{E}$

ということは、単位行列 $\mathbf{E}$ にこれと同じ行の基本変形を施すと、これは逆行列 $\mathbf{A}^{-1}$ を単位行列にかけることと同じなので、逆行列が求まることになります。

①から⑤の行の基本変形
=逆行列 $\mathbf{A}^{-1}$ のかけ算

単位行列 E ─────────────→ **逆行列 $\mathbf{A}^{-1}$**

$\mathbf{A}^{-1}\mathbf{E} = \mathbf{A}^{-1}$

これはなかなか都合のいい関係です。なぜなら、小行列

$\mathbf{A}$ と単位行列 $\mathbf{E}$ を成分とする次のような行列を考えると、

$$(\text{小行列 } \mathbf{A} \quad \text{単位行列 } \mathbf{E}) = \begin{pmatrix} 1 & 2 & 1 & 1 & 0 & 0 \\ 1 & 1 & 0 & 0 & 1 & 0 \\ 1 & 1 & 1 & 0 & 0 & 1 \end{pmatrix}$$

この行列の左側の小行列 $\mathbf{A}$ を単位行列 $\mathbf{E}$ に変える行の基本変形を施すと、これは逆行列を左からかけることに等しいので、以下の計算のように

$$\mathbf{A}^{-1} \begin{pmatrix} 1 & 2 & 1 & 1 & 0 & 0 \\ 1 & 1 & 0 & 0 & 1 & 0 \\ 1 & 1 & 1 & 0 & 0 & 1 \end{pmatrix} = \begin{pmatrix} 1 & 0 & 0 & -1 & 1 & 1 \\ 0 & 1 & 0 & 1 & 0 & -1 \\ 0 & 0 & 1 & 0 & -1 & 1 \end{pmatrix}$$

$$= \begin{pmatrix} 1 & 0 & 0 & & & \\ 0 & 1 & 0 & & \mathbf{A}^{-1} & \\ 0 & 0 & 1 & & & \end{pmatrix}$$

となり、右側には同時に逆行列 $\mathbf{A}^{-1}$ が求まることになるからです。

また、同じように小行列 $\mathbf{A}$ と列ベクトル $\mathbf{b}$ を成分とする拡大係数行列 $(\mathbf{A} \ \mathbf{b})$ に左から $\mathbf{A}^{-1}$ をかけることは、次式のように、

$$\mathbf{A}^{-1}(\mathbf{A} \ \mathbf{b}) = (\mathbf{A}^{-1}\mathbf{A} \ \mathbf{A}^{-1}\mathbf{b})$$
$$= (\mathbf{E} \ \mathbf{A}^{-1}\mathbf{b})$$

となり、右側の小行列（列ベクトル）が $\mathbf{A}^{-1}\mathbf{b}$ となることを意味します。(2-4) 式から、これは解であることがわかります。本章の冒頭で、「拡大係数行列の左側の小行列が

単位行列になるように変形すれば、なぜ解が得られるのか?」という疑問を提示しましたが、これで謎が解けたわけです。答えは「逆行列 $\mathbf{A}^{-1}$ を左からかけるのと同じだから」です。

さて本章では、単位行列と逆行列について学びました。行の基本変形を行列に置き換えることなどの、とてもおもしろい知識を身につけました。本章の結果をまとめておきましょう。

まず、**単位行列の性質**は、

☆　$\mathbf{AE} = \mathbf{EA} = \mathbf{A}$

です。
次に、**逆行列の性質**は、

☆　$\mathbf{AA}^{-1} = \mathbf{A}^{-1}\mathbf{A} = \mathbf{E}$

です。
そして、**行の基本変形**を使った逆行列の求め方は、

行の基本変形

☆　$\left(小行列\ \mathbf{A} \begin{array}{ccc} 1 & 0 & 0 \\ 0 & 1 & 0 \\ 0 & 0 & 1 \end{array} \right) \longrightarrow \left(\begin{array}{ccc} 1 & 0 & 0 \\ 0 & 1 & 0 \\ 0 & 0 & 1 \end{array}\ 小行列\ \mathbf{A}^{-1} \right)$

です。

次章では、行列によく似ているけれども行列ではない「行列式」が登場します。この行列式、実は日本人が素晴らしく先駆的な仕事をしているのです。

第3章

行列式の登場

■行列と同じくらい大事な式?

 行列の計算において、行列と同じくらい大事な式があります。それを**行列式**と呼びます。行列式の記号も行列ととてもよく似ています。たとえば、行列が

$$\mathbf{A} = \begin{pmatrix} a_{11} & a_{12} \\ a_{21} & a_{22} \end{pmatrix}$$

であるとすると、その行列式を表す記号は、

$$\det \mathbf{A} = \begin{vmatrix} a_{11} & a_{12} \\ a_{21} & a_{22} \end{vmatrix}$$

です。右辺の表記はよく使われるもので、行列の成分を囲む記号が、( ) なのか | | なのかの違いで、行列と行列式を区別します。左辺の det は、行列式を意味する英語の determinant（ディターミナント）を表します。「決定する」という意味の determine からきた語なので、直訳だと「決定式」になりますが、行列式と訳されています。

 行列と行列式の表すものは違っていて、行列式はほんとうに"式"なのです。たとえば、次の2行2列の行列式は、

$$\begin{vmatrix} a_{11} & a_{12} \\ a_{21} & a_{22} \end{vmatrix} = a_{11}a_{22} - a_{12}a_{21}$$

というものです。各行の各列から1つずつ成分を選んで、そのかけ算をとり、さらにその和（や差）をとったものです。

では、プラスとマイナスはどう決まっているのでしょうか。それは、次の図のようにかけ算の成分を1行目から拾うことにして、左上から右下の順番に拾ってかけた項はプラスで、右上から左下の順に拾ってかけたものはマイナスにとります。

$$\begin{vmatrix} a_{11} & a_{12} \\ a_{21} & a_{22} \end{vmatrix} = a_{11}a_{22} - a_{12}a_{21}$$

数字が入った例では、

$$\begin{vmatrix} 1 & 2 \\ 3 & 4 \end{vmatrix} = 1 \times 4 - 2 \times 3 = -2$$

となります。

行列式は、正方行列だけに適用できます。3行3列の行列式も見ておきましょう。これも同じようにかけ算の成分を1行目から拾うことにして、左上から右下の順番に拾ってかけた項はプラスで、右上から左下の順に拾ってかけたものはマイナスです。

$$\begin{vmatrix} a_{11} & a_{12} & a_{13} \\ a_{21} & a_{22} & a_{23} \\ a_{31} & a_{32} & a_{33} \end{vmatrix} = a_{11}a_{22}a_{33} + a_{12}a_{23}a_{31} + a_{13}a_{21}a_{32} \\ - a_{11}a_{23}a_{32} - a_{12}a_{21}a_{33} - a_{13}a_{22}a_{31}$$

この左上から右下に拾う項はプラスとし、右上から左下に拾う項はマイナスにすれば行列式が書けるという方法を

サラスの方法、またはたすきがけの方法と呼びます。この方法はとても簡単にプラス・マイナスを判別できます。ただし、サラスの方法が使えるのは、3次の正方行列までです。4次以上の正方行列では使えないので注意しましょう。その場合は互換という操作の回数でプラス・マイナスを決定します（巻末の付録をご参照下さい）。

■行列式を考案したのは日本人！

　日本において数学が特別に輝きを増した時代があります。それは今から350年ほど前のことでした。日本の数学史に忽然（こつぜん）と現れた天才は関孝和（せきたかかず）（1642？～1708）です。当時は中国の数学書がわずかに輸入されているだけでした。

　関は『解伏題之法（かいふくだいのほう）』という書物を1683年に著しました

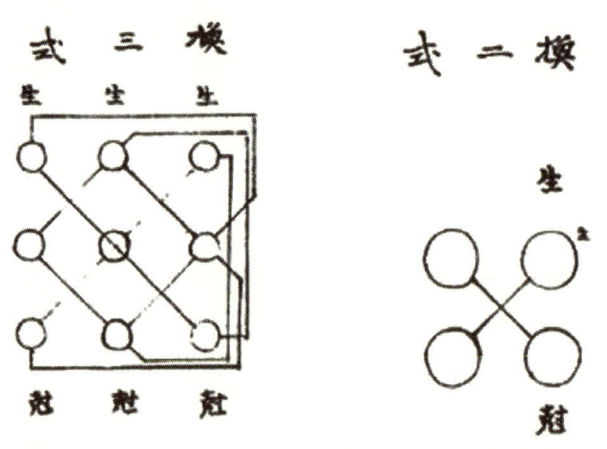

『解伏題之法』に記された行列式の計算方法（サラスの方法）
左は3行3列で右は2行2列。東北大学附属図書館和算資料データベースより

が、そこに行列式が述べられていました。しかも驚くべきことに、関はサラスの方法も考案していました。写真は、『解伏題之法』に記されたサラスの方法です。生はプラスを表し、尅はマイナスを表します。この行列は右から左に書かれていることに注意しましょう。歴史的には、関の方がサラスより約150年早くこの方法を生み出したので、「関・サラスの方法」と呼ぶべきだという意見もあります。

■若き関孝和

関孝和は、1642年頃の生まれと言われています。「頃」と書くのは、その生年があいまいだからです。関孝和に関しては青年時代の記録がほとんどなく、詳しいことはわかっていません。生まれたところは、藤岡（群馬県藤岡市）と江戸の二説があります。これは、孝和の出生の前後に父の内山永明が藤岡から江戸に移ったためで、孝和の生年を早く見ると藤岡生まれになり、遅く見ると江戸生まれになります。父は江戸では徳川家に仕え、天守番などを務めました。孝和は内山家から関家に養子に入っています。

孝和は甲府の徳川綱重と綱豊（後に6代将軍家宣となった）の2代に仕えました。仕事は勘定方などを務めました。『武林隠見録』という記録には、孝和は若いときには数学にまったく関心がなかったが、部下が数学をやっているのに興味を持ち、瞬く間に上達したと書かれています。また、奈良に中国から数学書が伝わっており、誰にも解読できないでいたところ、孝和は特別な許可をもらって奈良を訪れ写本した後、数年かかってその中身を完全に理解し

たと書かれています。

　実際に、関孝和が写したと考えられる中国の数学書『楊輝算法』の写本が富山県に残されています。ただし、この写本には、1661年の年号が書かれていて、この頃20歳ぐらいだったことを考えると、先ほどの話の「若いときに数学に興味がなかった」という話とは矛盾することになります。また、『楊輝算法』は孝和にとってはそれほどレベルの高い数学書ではないので、孝和が解読に取り組んだ数学書はもっとレベルの高い別の書物ではないかという説もあります。いずれにせよ、孝和が20歳前後で中国の数学書を写本していることから、遅くとも10代から数学に取り組んでいたと考えてよいでしょう。

　没後100年近くたった1800年に刊行された「寛政12年関孝和略伝」には次のように書かれています。

「先生の本名は孝和、号は自由（亭）、通称は新助である。姓は関氏、本姓は内山である。両氏は、代々、県官（公儀の役人）として仕えており、先生は、関家を嗣いだ。人となりは、鋭敏で、もっとも数術を好み、長じて大成した。かつて、計算をしていると、先生はまさに6才で、僅かに見ただけで、その差を指摘した。みなは感服し、成長するにつれ、ますます天文・律暦に精通し、通じないところがなかった。時の算聖である。数十の著作があり、門人は数百人であり、書が学ばれ、人が伝わり、生い茂るようであった。宝永戊子（1708年）10月24日に没した。」「関孝和伝記史料再考　一関博物館蔵肖像画・『寛政12年関孝和略

伝』・『断家譜』」城地 茂、(大阪府立大学) 人間社会学研究集録、4、p.57-75（2009）より

　こちらの資料を信じるならば、関孝和は幼少期から数学に通じていたことになります。後の偉大な業績を考えれば、こちらの方が説得力があります。

■サラス

　サラスの方法に名を残したサラスは、1798年にフランスに生まれました。この1798年はナポレオンがフランス軍を率いてエジプトに上陸した年です。当時の著名な数学者と比べると、1768年生まれのフーリエより30歳若く、1811年生まれのガロアより13年早く生まれていることになります。

　当初は医学を志していましたが、1815年にワーテルローの戦いでナポレオンが敗れて失脚したことが彼の人生を変えました。サラスは共和制の支持者でしたが、ナポレオン失脚後は反動的な政治状況になりました。サラスの出身地の町長は、サラスが医学部に進学するために必要な許可証を発行しませんでした。サラスが共和制支持者であることが反対の理由でした。

　このためサラスは苦渋の決断を迫られました。やむなく医学を断念して、数学と物理学を志すことにしました。モンペリエ大学を卒業した後、一時中学校の教師を務めましたが、1827年にペルピニャン大学の数学教授に就任しました。

研究内容は、若いときは音響理論や浮遊物体の振動の理論に取り組み、その後、方程式の消去法や行列式に取り組みました。サラスの方法を考案したのはこの時期です。この間にサラスの業績は広く知られるようになり、1840年にはストラスブール大学の教授に就任しました。同じ年にレジオンドヌール勲章を受章し、一流の数学者・物理学者としてフランス国内での評価は確立しました。ストラスブール大学着任後は、関数の極値問題や彗星の軌道の計算に取り組み、すぐれた業績をあげました。没年は1861年で63歳でした。

次の図は本書に登場する数学者たちの年表です。関孝和とサラスには150年もの差があることがわかります。関孝

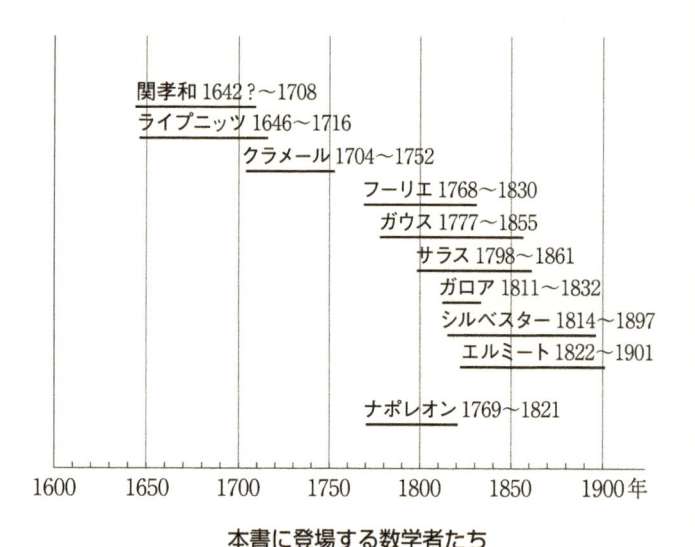

関孝和 1642?〜1708
ライプニッツ 1646〜1716
クラメール 1704〜1752
フーリエ 1768〜1830
ガウス 1777〜1855
サラス 1798〜1861
ガロア 1811〜1832
シルベスター 1814〜1897
エルミート 1822〜1901
ナポレオン 1769〜1821

本書に登場する数学者たち

和がどうしてこれほど時代を先んじることができたかは不明で、大きな謎になっています。

■ 行列式の性質

行列式にはこれから見るように、いくつかのおもしろい性質があります。それを見ていきましょう。

まず最初は、

　　行（または列）を入れ替えると符号が変わる

です。これは、例を見るとわかりやすいでしょう。たとえば、次の行列式は、

$$\begin{vmatrix} 1 & 2 \\ 3 & 4 \end{vmatrix} = 1 \times 4 - 2 \times 3 = -2$$

となり、−2 ですが、1 行目と 2 行目を入れ替えると、

$$\begin{vmatrix} 3 & 4 \\ 1 & 2 \end{vmatrix} = 3 \times 2 - 4 \times 1 = +2$$

となり、+2 となって符号が反転しています。これは行を入れ替えると、この例のようにサラスの方法のプラスの項とマイナスの項が入れ替わるためです。

次の性質は、

　　2 つの行（または列）が同じであればゼロになる

というものです。最も単純な例では、

$$\begin{vmatrix} 1 & 2 \\ 1 & 2 \end{vmatrix} = 1 \times 2 - 2 \times 1 = 0$$

です。このようにサラスの方法のプラスの項とマイナスの項の絶対値の大きさが同じになるのでゼロになります。3行3列の例も見ておきましょう。

$$\begin{vmatrix} 1 & 2 & 3 \\ 4 & 5 & 6 \\ 1 & 2 & 3 \end{vmatrix} = \begin{matrix} 1 \times 5 \times 3 + 2 \times 6 \times 1 + 3 \times 4 \times 2 \\ -3 \times 5 \times 1 - 2 \times 4 \times 3 - 1 \times 6 \times 2 = 0 \end{matrix}$$

このようにやはりゼロになります。

3つ目は、

ある行(または列)に、他の行(または列)の定数倍を加えても、行列式の値は同じ

というものです。たとえば、次の行列式で

$$\begin{vmatrix} 1 & 2 \\ 3 & 4 \end{vmatrix} = 1 \times 4 - 2 \times 3 = -2$$

1行目を2倍して2行目に加えた場合を考えてみましょう。これを計算すると、

$$\begin{vmatrix} 1 & 2 \\ 3+1\times 2 & 4+2\times 2 \end{vmatrix} = 1 \times (4+2\times 2) - 2 \times (3+1\times 2)$$
$$= 8 - 10$$
$$= -2$$

となり、結果は先ほどと同じで -2 です。なぜ同じになるのか少し不思議な気分になると思いますが、これは、この行列式を以下のように分解できるからです。

$$\begin{vmatrix} 1 & 2 \\ 3+1\times 2 & 4+2\times 2 \end{vmatrix} = \begin{vmatrix} 1 & 2 \\ 3+1+1 & 4+2+2 \end{vmatrix}$$
$$= 1\times(4+2+2) - 2\times(3+1+1)$$
$$= \begin{vmatrix} 1 & 2 \\ 3 & 4 \end{vmatrix} + \begin{vmatrix} 1 & 2 \\ 1 & 2 \end{vmatrix} + \begin{vmatrix} 1 & 2 \\ 1 & 2 \end{vmatrix}$$

右辺の第2項と第3項は、2つの行が同じなのでゼロです。よって、右辺では、第1項だけが残るというわけです。

■行列のかけ算の行列式

さらに行列式の重要な性質として、次のようなかけ算の関係があります。それは、行列 $\mathbf{A}, \mathbf{B}$ がともに正方行列のとき、

$$|\mathbf{AB}| = |\mathbf{A}||\mathbf{B}| \qquad (3\text{-}1)$$

という等式が成立するというものです。言葉で書くと

「行列 $\mathbf{A}$ と行列 $\mathbf{B}$ のかけ算」の行列式
　　　　＝行列 $\mathbf{A}$ の行列式×行列 $\mathbf{B}$ の行列式

です。これは2次の正方行列のときには簡単に確かめることができます。ただし、添え字がごちゃごちゃするので、

ここでは記号を以下のように書き換えます。

$$①\equiv a_{11},\ ②\equiv a_{12} \quad ⑤\equiv b_{11},\ ⑥\equiv b_{12}$$
$$③\equiv a_{21},\ ④\equiv a_{22} \quad ⑦\equiv b_{21},\ ⑧\equiv b_{22}$$

まず、(3-1) 式の左辺の行列のかけ算は、

$$\begin{pmatrix} ① & ② \\ ③ & ④ \end{pmatrix} \begin{pmatrix} ⑤ & ⑥ \\ ⑦ & ⑧ \end{pmatrix} = \begin{pmatrix} ①⑤+②⑦ & ①⑥+②⑧ \\ ③⑤+④⑦ & ③⑥+④⑧ \end{pmatrix}$$

なので、その行列式は、

$$\begin{vmatrix} ①⑤+②⑦ & ①⑥+②⑧ \\ ③⑤+④⑦ & ③⑥+④⑧ \end{vmatrix}$$
$$= (①⑤+②⑦)(③⑥+④⑧) - (①⑥+②⑧)(③⑤+④⑦)$$
$$= ①⑤③⑥+①⑤④⑧+②⑦③⑥+②⑦④⑧$$
$$\quad -①⑥③⑤-①⑥④⑦-②⑧③⑤-②⑧④⑦$$
$$= ①⑤④⑧+②⑦③⑥-①⑥④⑦-②⑧③⑤$$

です。次に (3-1) 式の右辺は

$$\begin{vmatrix} ① & ② \\ ③ & ④ \end{vmatrix} \begin{vmatrix} ⑤ & ⑥ \\ ⑦ & ⑧ \end{vmatrix} = (①④-②③)(⑤⑧-⑥⑦)$$
$$\qquad\qquad = ①⑤④⑧+②⑦③⑥-①⑥④⑦-②⑧③⑤$$

です。この両者を比べてみると、(3-1) 式が成立していることがわかります。

同様にして、3次以上の正方行列で (3-1) 式が成立していることも証明できます。

■江戸時代の数学書と遺題継承

　関孝和が登場したのは、中国の数学書の輸入によって始まった日本の数学（和算）がようやく独自の道を歩み始めた頃です。当時、日本人による数学書が出版されるようになっていました。和算家の吉田光由（1598～1673）は、1627年に『塵劫記』という書物を刊行しました。これは日常生活で役立つ数学が解説されていたのでかなり売れたようです。しかし、著作権がない時代なので、内容を盗んで勝手に出版される本もありました。また、実力が伴わないのに数学の師を名乗るものも現れました。吉田光由は、1641年に刊行した『新篇塵劫記』に答のない問題を12題ほど載せました。そこには、あなたの先生が本物かどうかこの問題で試してみた方がいいと書かれています。

　この『新篇塵劫記』に対して、12年後に榎並和澄が『参両録』という書物を著し、これらの問題を解きました。そして新たに自分が作った問題を8題掲載しました。この後、ある和算家が遺した問題（遺題）を別の和算家が解くという過程が繰り返されるようになりました。これを**遺題継承**と呼びます。当時の日本の出版は版木を使った印刷で、図も一緒に版木に彫り込むことができたので、数学書の出版に適していました。『新篇塵劫記』に始まる遺題継承は6代の書物にわたって続きました。最後の書物は、関孝和が刊行した『発微算法』です。『発微算法』は遺題を載せなかったのでこの系統の遺題継承はここで終了しました。しかし、別の和算書から出発した遺題継承もあり、遺題継承は『新篇塵劫記』以来、170年以上にわたって続き

ました。

■算聖・関孝和

　関孝和が生涯に刊行したのは、わずかにこの『発微算法』の1冊のみです。それ以外の書物は手書きで、弟子たちはそれらを写本して後世に伝えました。関の書物の中で行列式が現れるのは『解伏題之法』という書物です。伏題というのは変数が2つ以上ある方程式のことです。なのでタイトルの意味は「2変数以上の方程式を解く方法」になります。この書物は50ページほどの短いものです。説明も短いので見てすぐにわかるというものではありませんが、その中に行列式が含まれています。この行列式についての記述は、当時の数学の水準をはるかに超えていました。

　日本史を学ぶと、生類憐みの令で有名な5代将軍綱吉の次に新井白石（1657～1725）の正徳の治の時代がきます。この白石と孝和はともに甲府藩主の徳川綱豊に仕えました。白石の日記には、白石の扶持（給料）の証文の写しが記録されており、それには勘定方であった孝和の通称の「新助」が記されています。また、白石が中国の間（長さの単位）について尋ねたところ、孝和がたちどころに答えたとも記されています。孝和が甲府の土地測量にあたったという記録が残っていますが、孝和の弟子は江戸に住んでいた人々であったことから、孝和は甲府に居住していたわけではなく江戸に住んでいたと考えられています。

　将軍綱吉は、嫡男を早くに亡くしていたため、綱吉の甥の徳川綱豊が1704年に世継ぎになり、家宣と改名しまし

た。関孝和らの甲州徳川家の家臣も幕臣に変わりました。綱吉が亡くなったのは1709年で、この後家宣は6代将軍になりました。しかし、その前年に孝和は世を去りました。孝和の晩年の扶持は300俵でしたが、200俵以上は将軍にお目見えできる旗本で、町人から見るとお殿様のような身分です。当時の社会的な階級ではかなり上位の武士でした。

　孝和の後は、養子の久之が家を継ぎましたが、孝和の没後27年にして「お家断絶」になりました。甲府城の金蔵に泥棒が入ったことが原因でした。この盗みは内部犯行によるもので、中間(ちゅうげん)が捕まりました。これだけならお家断絶にいたらなかったのですが、このときの取り調べによって、当直番でありながら勤務中に賭博をしていたものが複数いることが発覚しました。賭博は重罪で、久之も賭博を行っていたことが明らかになりました。その結果、お家断絶の上、重追放になりました。重追放はその字のとおりで、追放の中では最も重いものです。関八州や京都や東海道筋から追放されました。このお家断絶の影響のため、孝和に関する資料はほとんど残っていません。また、現在伝わっている関孝和の肖像はすべて想像によって描かれたものと考えられています。

　孝和が切り開いた数学は、建部賢弘(たけべかたひろ)(1664〜1739)らの優れた弟子によって伝承され、そして発展しました。江戸時代の日本の科学において、数学はほぼ唯一、世界の第一線に立っていた学問分野でした。そして当時の世界最先端への飛躍をほぼ一代で成し遂げたのが、関孝和でした。

■正則な行列の逆行列は？

 逆行列が存在する行列を、「正則な行列」と呼ぶということを前章で述べました。とすると、ある行列 $\mathbf{A}$ が与えられたとして、その逆行列はどのような形になるのでしょうか。逆行列を求める公式が存在するのであれば、その逆行列を使って方程式が解けます。

 その逆行列を導く重要な公式を導いてみましょう。2行2列の行列が簡単で良いでしょう。まず、

$$\mathbf{A} = \begin{pmatrix} a_{11} & a_{12} \\ a_{21} & a_{22} \end{pmatrix}$$

とします。また、逆行列を

$$\mathbf{A}^{-1} = \begin{pmatrix} b_{11} & b_{12} \\ b_{21} & b_{22} \end{pmatrix}$$

と書くことにします。逆行列ともとの行列には次の式が成立します。

$$\mathbf{A}\mathbf{A}^{-1} = \mathbf{E} \qquad (3\text{-}2)$$

 この式を成分で書くと、

$$\begin{pmatrix} a_{11}b_{11} + a_{12}b_{21} & a_{11}b_{12} + a_{12}b_{22} \\ a_{21}b_{11} + a_{22}b_{21} & a_{21}b_{12} + a_{22}b_{22} \end{pmatrix} = \begin{pmatrix} 1 & 0 \\ 0 & 1 \end{pmatrix}$$

となります。成分を拾い出すと

第3章 行列式の登場

$$a_{11}b_{11}+a_{12}b_{21}=1$$
$$a_{11}b_{12}+a_{12}b_{22}=0$$
$$a_{21}b_{11}+a_{22}b_{21}=0$$
$$a_{21}b_{12}+a_{22}b_{22}=1$$

となります。これから、$b_{11}, b_{12}, b_{21}, b_{22}$ を求めればよいわけです。b_{11} を求めるために、1 行目の式に a_{22} をかけて、a_{12} をかけた 3 行目の式を引きます。

1行目の式 $\times a_{22}$	$a_{11}a_{22}b_{11}+a_{12}a_{22}b_{21}=a_{22}$
3行目の式 $\times a_{12}$	$a_{12}a_{21}b_{11}+a_{12}a_{22}b_{21}=0$
引くと	$a_{11}a_{22}b_{11}-a_{12}a_{21}b_{11}=a_{22}$

となります。よって、b_{11} は

$$b_{11}=\frac{a_{22}}{a_{11}a_{22}-a_{12}a_{21}}$$

となります。

b_{12}, b_{21}, b_{22} も同様にして求められます。結果を書くと

$$b_{12}=\frac{-a_{12}}{a_{11}a_{22}-a_{12}a_{21}}$$

$$b_{21}=\frac{-a_{21}}{a_{11}a_{22}-a_{12}a_{21}}$$

$$b_{22}=\frac{a_{11}}{a_{11}a_{22}-a_{12}a_{21}}$$

となります。おもしろいのは分母がすべて行列式になって

いることです。よって、逆行列はこの結果をまとめて、

$$\mathbf{A}^{-1} = \begin{pmatrix} b_{11} & b_{12} \\ b_{21} & b_{22} \end{pmatrix}$$

$$= \frac{1}{a_{11}a_{22} - a_{12}a_{21}} \begin{pmatrix} a_{22} & -a_{12} \\ -a_{21} & a_{11} \end{pmatrix}$$

$$= \frac{1}{|\mathbf{A}|} \begin{pmatrix} a_{22} & -a_{12} \\ -a_{21} & a_{11} \end{pmatrix}$$

$$= \frac{1}{|\mathbf{A}|} \hat{\mathbf{A}} \tag{3-3}$$

となります。この最後の行の「行列に帽子をかぶせた見慣れない記号 $\hat{\mathbf{A}}$」を**余因子行列**と呼びます。また、この記号は普通は「キャレット」や「ハット」と呼びます。前者はあまりなじみのない読み方ですが、脱字記号（書くべき字を忘れたとき挿入記号＾として使う）の意味で、後者は帽子の意味です（余因子行列はすぐ後ろで説明します）。

これで行列 $\mathbf{A}$ が与えられれば、それから逆行列 $\mathbf{A}^{-1}$ を導く公式にたどり着きました。とても大きな前進です。

ついでに、$\mathbf{A}^{-1}\mathbf{A} = \mathbf{E}$ の関係が成り立っていることも実際に計算して確かめておきましょう。計算してみると

$$\mathbf{A}^{-1}\mathbf{A} = \frac{1}{a_{11}a_{22}-a_{12}a_{21}} \begin{pmatrix} a_{22}a_{11}-a_{12}a_{21} & a_{22}a_{12}-a_{12}a_{22} \\ -a_{21}a_{11}+a_{11}a_{21} & -a_{21}a_{12}+a_{11}a_{22} \end{pmatrix}$$

$$= \frac{1}{a_{11}a_{22}-a_{12}a_{21}} \begin{pmatrix} a_{22}a_{11}-a_{12}a_{21} & 0 \\ 0 & -a_{21}a_{12}+a_{11}a_{22} \end{pmatrix}$$

$$= \begin{pmatrix} 1 & 0 \\ 0 & 1 \end{pmatrix}$$

$$= \mathbf{E}$$

となります。というわけで逆行列になっていることを確認できました。

ここでは2行2列の場合で逆行列を求めましたが、3行3列以上の大きな行列でも次式が成り立ちます。

$$\mathbf{A}^{-1} = \frac{1}{|\mathbf{A}|}\hat{\mathbf{A}}$$

■余因子行列とは

この余因子行列の説明をしましょう。まず余因子がどのようなものであるかを知る必要があります。ある行列 $\mathbf{A}$ の成分 a_{ij} の**余因子**とは、

「行列 $\mathbf{A}$ から i 行と j 列の成分をすべて除いて、残った他の成分で構成される行列の行列式に、$(-1)^{i+j}$ をかけたもの」

のことです。言葉で表現するとこのように少し回りくどいので、式を見ながら説明しましょう。行列 $\mathbf{A}$ の余因子を

考えることにします。

$$\mathbf{A} = \begin{pmatrix} a_{11} & a_{12} \\ a_{21} & a_{22} \end{pmatrix}$$

ここで a_{12} の余因子を求めてみましょう。まず、これから1行と2列の成分をすべて除いて、残った他の成分で構成される行列を求めると、成分が1つしかない行列で、

$$(a_{21})$$

となります。また、これの行列式は単純に

$$|a_{21}| = a_{21}$$

となります。余因子はこれに $(-1)^{i+j}$ をかけたものなので、

$$(-1)^{1+2} a_{21} = -a_{21}$$

となります。

同じように余因子を求めて行列にすると、

$$\begin{pmatrix} a_{22} & -a_{21} \\ -a_{12} & a_{11} \end{pmatrix}$$

となります。これで余因子行列の完成だと誤解しがちなのですが、余因子行列はこの**転置行列**です。転置行列も初めて出てくる言葉ですが、次のように行と列を交換したものです。

$$\begin{pmatrix} a_{22} & -a_{12} \\ -a_{21} & a_{11} \end{pmatrix}$$

このように、もとの行列とは1行2列の成分と2行1列の成分がひっくり返っています。この余因子行列は、先ほどの (3-3) 式で現れた行列です。

■転置行列の行列式は同じ

転置行列が登場しましたが、「行列 $\mathbf{A}$ の行列式 $|\mathbf{A}|$」と「その転置行列 ${}^t\mathbf{A}$ の行列式 $|{}^t\mathbf{A}|$」の間には、

$$|\mathbf{A}| = |{}^t\mathbf{A}| \tag{3-4}$$

という簡単でおもしろい関係があります。これは2次の正方行列の場合は、次のように簡単に確認できます。

$$|\mathbf{A}| = \begin{vmatrix} a_{11} & a_{12} \\ a_{21} & a_{22} \end{vmatrix} = a_{11}a_{22} - a_{12}a_{21} = \begin{vmatrix} a_{11} & a_{21} \\ a_{12} & a_{22} \end{vmatrix} = |{}^t\mathbf{A}|$$

3次の正方行列でも等しくなるので、時間のある方は、確認してみて下さい。

■正則であるための条件

これで逆行列が求まりましたが、逆行列の存在の有無と行列式には密接な関係があります。第2章で見たように逆行列が存在することを「正則である」と言います。正方行列 $\mathbf{A}$ に逆行列が存在するかどうか確かめる簡単な（！）方法があります。その方法は、行列式がゼロであるかどう

かを調べるというものです。

逆行列が存在する＝行列式がゼロではない（$|\mathbf{A}| \neq 0$）

という関係があります。これは必要十分条件の関係になっているので、これを証明してみましょう。まず、

(1) 正方行列 $\mathbf{A}$ が正則であれば、必ず $|\mathbf{A}| \neq 0$ である。

は十分条件であり

(2) 正方行列 $\mathbf{A}$ が正則であるためには、$|\mathbf{A}| \neq 0$ でなければならない。

は必要条件です。

(1) の証明からとりかかりましょう。正方行列 $\mathbf{A}$ が正則であるということは、逆行列が存在するので、

$$\mathbf{A}\mathbf{A}^{-1} = \mathbf{E}$$

が成り立ちます。この両辺の行列式をとると、

$$|\mathbf{A}\mathbf{A}^{-1}| = |\mathbf{E}|$$

です。単位行列の行列式は、対角項の1をかけるだけなので1です。よって、

$$|\mathbf{A}\mathbf{A}^{-1}| = 1$$

となります。また、行列のかけ算の行列式は (3-1) 式のように分解できるので、この式は、

$$|\mathbf{A}\mathbf{A}^{-1}| = |\mathbf{A}||\mathbf{A}^{-1}| = 1$$

となります。もし、$|\mathbf{A}|=0$ ならこのかけ算は 1 ではなく、必ず 0 になるので、$|\mathbf{A}|\neq 0$ であることがわかります。よって、$\mathbf{A}$ が正則であれば $|\mathbf{A}|\neq 0$ であることが証明できました。これが、(1) の証明です。

次に、(2) の証明にとりかかりましょう。これはすでに逆行列が (3-3) 式の

$$\mathbf{A}^{-1} = \frac{1}{|\mathbf{A}|}\hat{\mathbf{A}}$$

となることがわかっているので、それを使えば簡単です。この逆行列が存在するためには（＝$\mathbf{A}$ が正則であるためには）、$|\mathbf{A}|\neq 0$ でなければならないことがわかります。もし 0 なら、右辺の分数は発散します。これで (2) の必要条件が成立していることがわかりました。このように逆行列の存在の有無は「行列式≠0」で判別できます。

■クラメールの公式

この逆行列を使えば、(2-4) 式で見たように方程式 $\mathbf{A}\mathbf{x}=\mathbf{b}$ が解けます。例として

$$\begin{pmatrix} a_{11} & a_{12} \\ a_{21} & a_{22} \end{pmatrix}\begin{pmatrix} x_1 \\ x_2 \end{pmatrix} = \begin{pmatrix} b_1 \\ b_2 \end{pmatrix}$$

という方程式を考えましょう。この両辺に逆行列 $\mathbf{A}^{-1}$ をかけると、

$$\begin{pmatrix} x_1 \\ x_2 \end{pmatrix} = \mathbf{A}^{-1} \begin{pmatrix} b_1 \\ b_2 \end{pmatrix}$$

となります。逆行列 $\mathbf{A}^{-1}$ はすでに (3-3) 式でわかっているのでこれを使うと

$$= \frac{1}{|\mathbf{A}|} \begin{pmatrix} a_{22} & -a_{12} \\ -a_{21} & a_{11} \end{pmatrix} \begin{pmatrix} b_1 \\ b_2 \end{pmatrix}$$

$$= \frac{1}{|\mathbf{A}|} \begin{pmatrix} a_{22}b_1 - a_{12}b_2 \\ -a_{21}b_1 + a_{11}b_2 \end{pmatrix} \quad (3\text{-}5)$$

となります。

このように「行列式≠0」の場合には、逆行列 $\mathbf{A}^{-1}$ が存在するので方程式が解けます。つまり、行列式がゼロかゼロでないかで、解の有無が「決定」できます。ということで、行列式を英語で determinant と呼ぶのは理にかなっていることになります。

これで解が求まったので、めでたしめでたしというところなのですが、ここで満足しないで、(3-5) 式の列ベクトルの成分に注目しましょう。よく見てみると、この成分を行列式で表せることに気づきます。次のような行列式です。

$$a_{22}b_1 - a_{12}b_2 = \begin{vmatrix} b_1 & a_{12} \\ b_2 & a_{22} \end{vmatrix}$$

$$-a_{21}b_1 + a_{11}b_2 = \begin{vmatrix} a_{11} & b_1 \\ a_{21} & b_2 \end{vmatrix}$$

よって、先ほどの解は、この行列式を使うと

$$x_1 = \frac{\begin{vmatrix} b_1 & a_{12} \\ b_2 & a_{22} \end{vmatrix}}{|\mathbf{A}|} = \frac{\begin{vmatrix} b_1 & a_{12} \\ b_2 & a_{22} \end{vmatrix}}{\begin{vmatrix} a_{11} & a_{12} \\ a_{21} & a_{22} \end{vmatrix}}$$

$$x_2 = \frac{\begin{vmatrix} a_{11} & b_1 \\ a_{21} & b_2 \end{vmatrix}}{|\mathbf{A}|} = \frac{\begin{vmatrix} a_{11} & b_1 \\ a_{21} & b_2 \end{vmatrix}}{\begin{vmatrix} a_{11} & a_{12} \\ a_{21} & a_{22} \end{vmatrix}}$$

となります。この2つの式の分子の行列式をよく見ると、分母の行列式の列の成分の1つを、列ベクトル$\mathbf{b}$で置き換えていることがわかります。つまり行列式の列を1行ずつ列ベクトルの成分で置き換えていくと、解が求まるということになります。これは3行3列以上の行列の場合でも成り立っています。たとえば、3行3列の次のような方程式の場合には、

$$\begin{pmatrix} a_{11} & a_{12} & a_{13} \\ a_{21} & a_{22} & a_{23} \\ a_{31} & a_{32} & a_{33} \end{pmatrix} \begin{pmatrix} x_1 \\ x_2 \\ x_3 \end{pmatrix} = \begin{pmatrix} b_1 \\ b_2 \\ b_3 \end{pmatrix}$$

以下の3つがそれぞれ x_1, x_2, x_3 の解になります。

$$x_1 = \frac{\begin{vmatrix} b_1 & a_{12} & a_{13} \\ b_2 & a_{22} & a_{23} \\ b_3 & a_{32} & a_{33} \end{vmatrix}}{\begin{vmatrix} a_{11} & a_{12} & a_{13} \\ a_{21} & a_{22} & a_{23} \\ a_{31} & a_{32} & a_{33} \end{vmatrix}}, \quad x_2 = \frac{\begin{vmatrix} a_{11} & b_1 & a_{13} \\ a_{21} & b_2 & a_{23} \\ a_{31} & b_3 & a_{33} \end{vmatrix}}{\begin{vmatrix} a_{11} & a_{12} & a_{13} \\ a_{21} & a_{22} & a_{23} \\ a_{31} & a_{32} & a_{33} \end{vmatrix}}, \quad x_3 = \frac{\begin{vmatrix} a_{11} & a_{12} & b_1 \\ a_{21} & a_{22} & b_2 \\ a_{31} & a_{32} & b_3 \end{vmatrix}}{\begin{vmatrix} a_{11} & a_{12} & a_{13} \\ a_{21} & a_{22} & a_{23} \\ a_{31} & a_{32} & a_{33} \end{vmatrix}}$$

ほんとうに解になっているかどうかは、時間の余裕がある方は検算してみて下さい。

これはとてもおもしろい関係ですが、これを**クラメールの公式**と呼びます。覚えるのもとても簡単です。分母は行列 **A** の行列式で、分子は行列 **A** の行列式の列を1列ずつ列ベクトル **b** の成分に置き換えるだけです。このクラメールの公式は覚えやすいし、とても有用な公式です。これを使えば方程式を解けるので、読者のみなさんは行列に関する1つの頂上を征服したと言えるでしょう。

■ライプニッツとクラメール

関孝和とほぼ同じ時期にヨーロッパで行列式にたどり着いたのがドイツのライプニッツ（1646〜1716）です。ライプニッツはイギリスのニュートン（1643〜1727）とは独立に微積分を生み出したことで有名です。ライプニッツは4次の行列式を計算しましたが、それを公表しませんでした。関孝和の研究はヨーロッパの数学の進展とは全く独立しており、鎖国状態の日本の研究がヨーロッパに影響を与えることはありませんでした。しかし年代的には、日本の

第3章 行列式の登場

クラメール

和算家たちの方がずっと先んじていたことになります。

ライプニッツの研究も歴史の中に埋もれてしまいました。行列式がヨーロッパに現れたのは、1750年頃のことです。イギリスのマクローリン（1698〜1746）やスイスのクラメール（1704〜1752）の研究が世に出ました。

クラメールの公式を導いたクラメールは、スイスのジュネーブに生まれました。父は医者でした。クラメールは3人兄弟で、兄弟の1人は医師になり、もう1人は法学の教授になりました。

クラメールは神童で、弱冠18歳で音の理論的研究で博士号をとりました。20歳の時には、宗教改革で有名なカルバン（1509〜1564）が設立したカルバンアカデミーの法学の教授職に応募しました。応募したのはクラメールの他に2人です。1人は年長者でしたが、もう1人はクラメールより1歳年上の数学者のカランドリーニ（1703〜1758）でした。カルバンアカデミーの学長は、応募者3人がいずれも

優れていることから、法学教授職の他に数学の教授職を新たに設けました。そして最年長の応募者を法学のポストにつけ、クラメールとカランドリーニを数学のポストにつけることにしました。

 2人を1つのポストにつけるというのは、奇妙に思えますが、2～3年ごとに交互にポストを交換するという内容でした。働いていない期間は無給になりますが、自由な時間が生まれます。クラメールはこの無給期間にヨーロッパを旅行し、多くの数学者たちと知り合いになりました。スイスのバーゼルでは、ヨハン・ベルヌーイ（1667～1748）、ダニエル・ベルヌーイ（1700～1782）の親子とオイラー（1707～1783）に会い、イギリスでは、ハレー（1656～1742）やド・モアブル（1667～1754）らに会いました。クラメールはスイスのフランス語圏で育ちましたが、同じスイスのドイツ語圏で育ったダニエル・ベルヌーイやオイラーとは同世代でした。

 1729年には、パリのアカデミーの懸賞問題に応募し、2位になりました。1位はヨハン・ベルヌーイでした。1734年には、カランドリーニと共有していた数学の教授職に加えて物理の教授職が創設され、カランドリーニは物理の教授職につきました。

 クラメールが行列式を含む論文を発表したのは1750年のことでした。クラメールは精力的に働く人でしたが、1751年の秋に2ヵ月ほど体調を崩しました。医者から冬は暖かい南フランスで静養するように勧められ、旅の途中に47歳で亡くなりました。

第3章 行列式の登場

■自明でない解を持つ条件

方程式を解くときに、行列式がからむ重要な関係がさらに1つあります。ここまで見たように、方程式が解ける条件は、「行列式≠0」です。しかし、特殊な場合には、「行列式＝0」が解が存在するための条件となることもあるのです。ここは行列を学んでいて最も混乱しやすいところなので、気をつけましょう。

では、その特殊な場合とは何かですが、それは次のような方程式のときです。

$$\begin{pmatrix} a_{11} & a_{12} & a_{13} \\ a_{21} & a_{22} & a_{23} \\ a_{31} & a_{32} & a_{33} \end{pmatrix} \begin{pmatrix} x_1 \\ x_2 \\ x_3 \end{pmatrix} = \begin{pmatrix} 0 \\ 0 \\ 0 \end{pmatrix} \quad (3\text{-}6)$$

ここでは、右辺の列ベクトルの成分がすべて0になっています。この式は各行ごとに分解して書くと

$$a_{11}x_1 + a_{12}x_2 + a_{13}x_3 = 0$$
$$a_{21}x_1 + a_{22}x_2 + a_{23}x_3 = 0$$
$$a_{31}x_1 + a_{32}x_2 + a_{33}x_3 = 0$$

となります。この方程式の項はすべて1次の項なので、**連立同次1次方程式**とか**連立斉次1次方程式**と呼びます。「斉」は「同」と同じ意味です。一方、(1-6) 式のような右辺がゼロでない場合は、右辺には x_1 や x_2 の0次の項が存在するとみなせるので（$x_1^0 = x_2^0 = 1$）、1次の項以外も存在するといえます。たとえば、右辺＝30の場合は、右辺＝$30x_1^0$ とも書けます。そこで、(1-6) 式のような場合

は、次数の異なる項が含まれているので、**連立非同次1次方程式**とか**連立非斉次1次方程式**と呼びます。

さて、この (3-6) 式の連立同次1次方程式において、「行列式$|\mathbf{A}| \neq 0$」であれば、クラメールの公式によって解が求められます。右辺の列ベクトルがすべてゼロなので、解は簡単で、

$$\begin{pmatrix} x_1 \\ x_2 \\ x_3 \end{pmatrix} = \begin{pmatrix} 0 \\ 0 \\ 0 \end{pmatrix}$$

となります。つまり、すべてゼロというのが答えです。これは、クラメールの公式を持ち出すまでもなく、(3-6) 式を見れば、x_1, x_2, x_3 がすべてゼロであれば右辺もゼロになることは容易にわかります。そこで、この解を**自明な解**すなわち、「おのずから明らかな解」と呼びます。

特殊な場合とは、「この自明な解以外の解（自明でない解）がある」場合です。自明でない解とは、「x_1, x_2, x_3 のうち少なくとも1つはゼロではない解」です。自明な解は、行列式≠0のときに存在するので、自明でない解が存在する可能性があるのは、「行列式＝0」の場合だけです。

よって、

$\mathbf{Ax} = \mathbf{0}$　　　$\mathbf{0}$ はすべての成分がゼロの列ベクトル

という方程式において、自明でない解が存在する必要条件は、$|\mathbf{A}| = 0$ であるということになります。

$|\mathbf{A}| = 0$ が十分条件であることも証明できます。十分条

件は、「$|\mathbf{A}|=0$ であれば、自明でない解が存在する」です。こちらの証明は少し煩雑なので付録に掲載しますが、興味のある方はご覧下さい。

まとめると、「連立同次1次方程式 $\mathbf{Ax}=\mathbf{0}$ において、自明でない解が存在する必要十分条件は、$|\mathbf{A}|=0$ である」ということになります。

■自明でない解の一例

「行列式 $|\mathbf{A}|=0$」の場合の自明でない解の一例を見ておきましょう。次のような2次の正方行列を使った方程式を考えます。

$$\begin{pmatrix} 1 & 2 \\ 3 & 6 \end{pmatrix} \begin{pmatrix} x \\ y \end{pmatrix} = \begin{pmatrix} 0 \\ 0 \end{pmatrix}$$

このときの行列式は、次のようにゼロになります。

$$\begin{vmatrix} 1 & 2 \\ 3 & 6 \end{vmatrix} = 6-6=0$$

この方程式を書いてみると

$$x+2y=0$$
$$3x+6y=0$$

となります。下の式の両辺を3で割ると、上の式と同じになります。つまり、上下の式は同じです。解は $x=-2y$ で、この式を満たす x と y は（自明な解以外に）無数にあるということになります。

■終結式と行列式

行列と行列式の関係を見てきましたが、歴史的には行列式の方が行列より先に登場しました。現代の数学の教科書では（本書もですが）、最初に行列を説明して、次に行列式を説明します。しかし、歴史的には登場の順番は逆だったのです。

関孝和が世界で最初に行列式を生み出したのは、実は**終結式**という式を扱うためでした。終結式というのは、「2つの方程式が同じ解を持つかどうかを判別する式」で、

$$終結式 = 0$$

の場合には共通の解が存在します。

まず、終結式の簡単な例を見てみましょう。次のような1次方程式が2つあるとします。

$$f(x) = a_0 x + a_1 = 0 \tag{3-7}$$
$$g(x) = b_0 x + b_1 = 0 \tag{3-8}$$

ここで、$a_0 \neq 0$ であり、また、$b_0 \neq 0$ であるとします（変数 x の係数であるこれらがゼロだと方程式にはなりません）。この場合の終結式 R は、この両方の方程式の係数をそれぞれ並べた次のような行列式です。

$$R \equiv \begin{vmatrix} a_0 & a_1 \\ b_0 & b_1 \end{vmatrix} = a_0 b_1 - a_1 b_0 \tag{3-9}$$

この終結式がゼロになるときは、$R=0$ から

$$a_0 b_1 = a_1 b_0$$
$$\therefore \frac{a_1}{a_0} = \frac{b_1}{b_0} \tag{3-10}$$

となります。

一方、(3-7) 式と (3-8) 式のそれぞれの解を α と β とすると、この両式から

$$\alpha = -\frac{a_1}{a_0}, \quad \beta = -\frac{b_1}{b_0}$$

が得られます。共通の解を持つのは $\alpha = \beta$ のときですが、これは (3-10) 式と同じです。つまりここでは、$R=0$ のときは、$\alpha = \beta$ が成り立ち、共通の解を持ちます。

では終結式がどうして行列式から導かれたのでしょうか。この (3-9) 式の「行列式=0」と、「共通の解を持つこと」が等しいのは次のような理由によるものです。(3-7) 式と (3-8) 式が共通の解を持つとすると、これらの方程式は次のように書くことができます。

$$\begin{pmatrix} a_0 & a_1 \\ b_0 & b_1 \end{pmatrix} \begin{pmatrix} x \\ 1 \end{pmatrix} = \begin{pmatrix} 0 \\ 0 \end{pmatrix}$$

この方程式が「自明な解（列ベクトルの2つの成分がゼロの解）以外の（共通の）解を持つ」条件は、すでに見たように、この行列式がゼロになることです（左辺の列ベクトルはすでにゼロではない1を2行目の成分に持っていますが）。

$$\begin{vmatrix} a_0 & a_1 \\ b_0 & b_1 \end{vmatrix} = 0$$

ということで、終結式が行列式から導かれたというわけです。

■2次方程式の終結式

終結式の例をもう1つ見ておきましょう。今度は2次方程式が2つあるとします。

$$f(x) = a_0 x^2 + a_1 x + a_2 = 0 \qquad (3\text{-}11)$$
$$g(x) = b_0 x^2 + b_1 x + b_2 = 0 \qquad (3\text{-}12)$$

ここで、$a_0 \neq 0$ であり、また、$b_0 \neq 0$ であるとします（これらがゼロだと前節の1次方程式になってしまうので）。この方程式を行列で表すと、

$$\begin{pmatrix} a_0 & a_1 & a_2 \\ b_0 & b_1 & b_2 \end{pmatrix} \begin{pmatrix} x^2 \\ x \\ 1 \end{pmatrix} = \begin{pmatrix} 0 \\ 0 \\ 0 \end{pmatrix}$$

となります。この行列は正方行列ではないので、行列式を書くことはできません。どうすればよいのでしょう。

この解決には次のような方法を用います。(3-11) 式と (3-12) 式を満たす x は、両式を x 倍した次の2つの式

$$xf(x) = a_0 x^3 + a_1 x^2 + a_2 x = 0 \qquad (3\text{-}13)$$
$$xg(x) = b_0 x^3 + b_1 x^2 + b_2 x = 0 \qquad (3\text{-}14)$$

も満たします。よって、この (3-11)～(3-14) 式の4つの式を行列で表すと

$$\begin{pmatrix} a_0 & a_1 & a_2 & 0 \\ 0 & a_0 & a_1 & a_2 \\ b_0 & b_1 & b_2 & 0 \\ 0 & b_0 & b_1 & b_2 \end{pmatrix} \begin{pmatrix} x^3 \\ x^2 \\ x \\ 1 \end{pmatrix} = \begin{pmatrix} 0 \\ 0 \\ 0 \\ 0 \end{pmatrix}$$

となります。行列を使って書いたこの方程式が「自明な解(列ベクトルの4つの成分がゼロの解)以外の(共通の)解を持つ」条件は、この行列式がゼロになることです。

$$\begin{vmatrix} a_0 & a_1 & a_2 & 0 \\ 0 & a_0 & a_1 & a_2 \\ b_0 & b_1 & b_2 & 0 \\ 0 & b_0 & b_1 & b_2 \end{vmatrix} = 0 \qquad (3\text{-}15)$$

というわけで、行列式 (3-15) が終結式になります。

次にこの行列式の計算ですが、行列式は各行各列から1つずつ成分をとりだしてかけ算をしたものです。たとえば、2次の正方行列は1列目に注目すると次のように分解できます。

$$\begin{vmatrix} a_{11} & a_{12} \\ a_{21} & a_{22} \end{vmatrix} = a_{11} |a_{22}| - a_{21} |a_{12}|$$

1行1列の成分 a_{11} を選ぶと、それにかかる項は、「1行目の成分と1列目の成分を除いた右下の小行列式」です。また、1列目で、a_{21} を選ぶと、それにかかる項は、

「2行目の成分と1列目の成分を除いた小行列式」です。

同様に (3-15) 式の行列式も1列目に注目すると、1行1列の成分 a_0 を選ぶと、それにかかる項は、「1行目の成分と1列目の成分を除いた右下の小行列式」です。また、1列目で、3行1列の成分 b_0 を選ぶと、それにかかる項は、「3行目の成分と1列目の成分を除いた小行列式」です。よって、この行列式は次のように分解できます。

$$R = a_0 \begin{vmatrix} a_0 & a_1 & a_2 \\ b_1 & b_2 & 0 \\ b_0 & b_1 & b_2 \end{vmatrix} + b_0 \begin{vmatrix} a_1 & a_2 & 0 \\ a_0 & a_1 & a_2 \\ b_0 & b_1 & b_2 \end{vmatrix}$$

これを、サラスの方法を使ってさらに展開すると

$$= a_0{}^2 b_2{}^2 + a_0 a_2 b_1{}^2 - a_0 a_1 b_1 b_2 - a_0 a_2 b_0 b_2$$
$$+ a_1{}^2 b_0 b_2 + a_2{}^2 b_0{}^2 - a_0 a_2 b_0 b_2 - a_1 a_2 b_0 b_1 \quad (3\text{-}16)$$

となります。

(3-16) 式は少し面倒な形をしていますが、(3-11) 式の解を α_1 と α_2 とし、(3-12) 式の解を β_1 と β_2 すると、(巻末の付録に示すように) この終結式は次式になります。

$$R = a_0{}^2 b_0{}^2 (\alpha_1 - \beta_1)(\alpha_1 - \beta_2)(\alpha_2 - \beta_1)(\alpha_2 - \beta_2) \quad (3\text{-}17)$$

この式から、$R=0$ のときには、どれか1組の解が同じ値をとることがわかります。

このように終結式 $R=0$ が成立するかしないかで、両方の式を満たす解が存在するかどうかがわかるのです。(3-9) 式や (3-15) 式のような行列式を使って書いた終結式

を、**終結式の行列表現**とも言います。関孝和はこの行列式と終結式に世界で初めて到達しました。

■シルベスター

この (3-9) 式や (3-15) 式の終結式に対応する行列を、**シルベスター行列**と呼びます。数学の歴史では、シルベスター(1814〜1897)の時代まで「行列」はほとんど研究されていませんでした。この分野の主な関心は「行列式」だったのです。行列式の研究を続けているうちに、数学者たちは行列式の母体ともいうべき、行列の重要性に気づきました。行列を意味する英語である matrix（マトリックス）は、ラテン語の mater（メーテル：母、英語の mother に対応）にちなんで、シルベスターが名付けたと言われています。行列は、「行列式の母」であるというわけです。

matrix の名付け親であるシルベスターの人生は波乱万丈でした。シルベスターは1814年にロンドンのユダヤ人の商人の家庭に生まれました。元の名前はジェイムズ・ジョセフです。頭脳優秀で、14歳でロンドン大学に入学しました。しかし、他の学生とのいさかいがあり、退学してしまいました。シルベスターはこの後も何度か人生の内でトラブルを起こしていますが、当時の社会のユダヤ人への差別にも原因があったようです。

シルベスターはその後、17歳でケンブリッジ大学に進学しました。しかし、在学中に病気にかかり卒業資格を得るまでに6年を要しました。ケンブリッジでの成績は2位で極めて優秀でしたが、学位を取得する最後の段階で大きな

障壁が立ちふさがりました。ケンブリッジ大学で学位を取得するためには、英国国教会の39ヵ条の信仰に同意する必要がありました。しかし、ユダヤ教徒であるシルベスターには同意は不可能でした。このため、シルベスターはケンブリッジでの学位を断念せざるをえませんでした。

シルベスターは1838年にロンドン大学の自然哲学の教授になり、その3年後の1841年にダブリンのトリニティ・カレッジから学士と修士の学位を取得しました。シルベスター行列を論文で発表したのは1840年のことです。

1841年にシルベスターは新天地アメリカに渡って、バージニア大学の教授になりました。アメリカ入国の際にシルベスターという名字をつけ加えました。しかし、半年ほどで学生とのトラブルがあり、職を失いました。その後、アメリカで大学のポストを探しましたが見つからず、1843年にやむなくイギリスに帰国しました。

帰国後は、生命保険会社に勤めました。数学の能力は会計士としての彼を助けましたが、同時に法律の知識の必要性を強く感じました。そこで1846年に法律の学校に進み、1850年に弁護士になりました。この間もシルベスターは数学の研究を続けていました。特に同じく弁護士であり同時に数学者でもあったケイリー（1821〜1895）とは良い友人になりました。

1854年、40歳のときに陸軍士官学校の教官となり、教職に復帰しました。シルベスターは行列に関して第一人者となり、数学の世界で著名な存在になりました。

1853年に、バルカン半島の支配をめぐりイギリスも参戦

したクリミア戦争が起こりました。この戦争は、後にクリミアの天使と呼ばれたナイチンゲール（1820～1910）が現地のイギリス軍病院の状況の改善に努力したことで有名です。ナイチンゲールというと、多くの人には看護師というイメージが強いようですが、彼女は裕福な家庭に生まれて、20代の頃にはシルベスターから数学の個人教授を受けています。ナイチンゲールは数学に明るく、患者の救命率の向上のために統計的手法を持ち込んだことから、実践的統計学者とも形容できます。

シルベスターは陸軍士官学校の定年後の1876年に、62歳にして再び大西洋を渡って、アメリカの新設のジョンズ・ホプキンス大学の教授になりました。35年前のアメリカ時代とは違い、アメリカの数学界で彼は名士でした。1878年には、数学の学術誌である「アメリカン・ジャーナル・オブ・マスマティクス」を創刊しました。夏休みにはイギリスに帰るのが普通だったようで、アメリカから1週間の船旅を経てイギリスに到着したとき、アメリカに忘れ物をしたことに気づき、そのまま、アメリカ行きの汽船に乗ったというエピソードがあります。

当時、ジョンズ・ホプキンス大学で学んだ日本人には、新渡戸稲造（1862～1933）がいます。新渡戸は、1884年にジョンズ・ホプキンス大学に留学していますが、その前年の1883年にシルベスターはイギリスに戻り、オックスフォード大学の教授になりました。生涯を終えたのは、1897年のことです。

シルベスターは、短気でせっかちであり、また神経質で

もあったようで、それがトラブルの一因であったようです。しかし、そのバイタリティに溢れた波瀾万丈の経歴が示しているのは、常に持ち続けた数学への熱き情熱です。

さて、本章では行列式に関する重要な関係をたくさん見てきました。その結果をまとめておきましょう。

まず、行列式の性質は、

☆ 行（列）を入れ替えると符号が変わる
☆ 2つの行（列）が同じであればゼロになる
☆ ある行（列）にある行（列）の定数倍を加えても、行列式の値は同じ

です。次に正方行列 $\mathbf{A}$、$\mathbf{B}$ では

☆ $|\mathbf{AB}| = |\mathbf{A}||\mathbf{B}|$

が成立します。

☆ **逆行列の公式は、** $\mathbf{A}^{-1} = \dfrac{1}{|\mathbf{A}|}\hat{\mathbf{A}}$

また、

☆ **正則行列の条件＝行列式がゼロではないこと**（$|\mathbf{A}| \neq 0$）

です。さらに、**クラメールの公式**は、

☆ 2行2列の行列の場合

$$x_1 = \frac{\begin{vmatrix} b_1 & a_{12} \\ b_2 & a_{22} \end{vmatrix}}{\begin{vmatrix} a_{11} & a_{12} \\ a_{21} & a_{22} \end{vmatrix}}, \qquad x_2 = \frac{\begin{vmatrix} a_{11} & b_1 \\ a_{21} & b_2 \end{vmatrix}}{\begin{vmatrix} a_{11} & a_{12} \\ a_{21} & a_{22} \end{vmatrix}}$$

☆　3行3列の行列の場合

$$x_1 = \frac{\begin{vmatrix} b_1 & a_{12} & a_{13} \\ b_2 & a_{22} & a_{23} \\ b_3 & a_{32} & a_{33} \end{vmatrix}}{\begin{vmatrix} a_{11} & a_{12} & a_{13} \\ a_{21} & a_{22} & a_{23} \\ a_{31} & a_{32} & a_{33} \end{vmatrix}}, \ x_2 = \frac{\begin{vmatrix} a_{11} & b_1 & a_{13} \\ a_{21} & b_2 & a_{23} \\ a_{31} & b_3 & a_{33} \end{vmatrix}}{\begin{vmatrix} a_{11} & a_{12} & a_{13} \\ a_{21} & a_{22} & a_{23} \\ a_{31} & a_{32} & a_{33} \end{vmatrix}}, \ x_3 = \frac{\begin{vmatrix} a_{11} & a_{12} & b_1 \\ a_{21} & a_{22} & b_2 \\ a_{31} & a_{32} & b_3 \end{vmatrix}}{\begin{vmatrix} a_{11} & a_{12} & a_{13} \\ a_{21} & a_{22} & a_{23} \\ a_{31} & a_{32} & a_{33} \end{vmatrix}}$$

それから、次の連立同次1次方程式において、

　　$\mathbf{A}\mathbf{x} = \mathbf{0}$　　　$\mathbf{0}$ はすべての成分がゼロの列ベクトル

☆　**自明な解以外の解を持つ条件**は $|\mathbf{A}| = 0$

最後に、2つの方程式

$$f(x) = a_0 x^m + a_1 x^{m-1} + \cdots + a_m = 0$$

と

$$g(x) = b_0 x^n + b_1 x^{n-1} + \cdots + b_n = 0$$

が**共通の解を持つ条件**は、次の終結式 $R = 0$ です。

☆ $$R = \begin{vmatrix} a_0 & a_1 & \cdots & a_m & \cdots & 0 \\ 0 & a_0 & a_1 & \cdots & a_m & \cdots & 0 \\ & & \cdots & & & \\ 0 & \cdots & a_0 & a_1 & \cdots & a_m \\ b_0 & b_1 & \cdots & b_n & \cdots & 0 \\ 0 & b_0 & b_1 & \cdots & b_n & \cdots & 0 \\ & & \cdots & & & \\ 0 & \cdots & b_0 & b_1 & \cdots & b_n \end{vmatrix}$$

$(m+n)$ 行 $(m+n)$ 列の行列式になる。

第4章

行列の数値計算

■クラメールの公式はほとんど使われていない？

前章では、「クラメールの公式」という方程式を解くためのとても大事な式に到達しました。行列に関する一つの頂上を征服したわけです。ところが、意外なことに方程式を解くときにクラメールの公式はあまり使われていないようなのです。

というのは、現在ではほとんどの分野で方程式をコンピューターで解きます。その場合には、行列の各成分には文字の変数ではなく、実際に数値を入れて計算を行います。このような計算を**数値計算**と呼びます。このコンピューターの計算では四則の

$$+ \quad - \quad \times \quad \div$$

のうち、×と÷の計算に時間がかかります。そこで、この回数が少ない計算の方が有利です。ところがクラメールの公式では、この計算の回数が別の"ある方法"よりかなり多いのです。

クラメールの公式を使う場合は、未知数の個数がn個の場合のかけ算と割り算の回数は

$$(n+1)(n-1)n! \quad 回$$

であることがわかっています。一方、別の"ある方法"でのかけ算と割り算の回数は、

$$\frac{1}{3}n^3 + n^2 - \frac{1}{3}n \quad 回$$

ですむことがわかっています。この別の"ある方法"は、**ガウスの消去法**と呼ばれる方法です。

この2つの式を見ただけでは回数の違いがわからないので、これを計算してみると、

	クラメールの公式	ガウスの消去法
$n=2$	6回	6回
$n=3$	48	17
$n=5$	2880	65
$n=8$	2540160	232
$n=10$	359251200	430

となり、未知数の個数 n が大きくなるほど、その違いが広がることがわかります。図4-1に、未知数の個数5個までをグラフにしました。未知数5個でのかけ算と割り算の

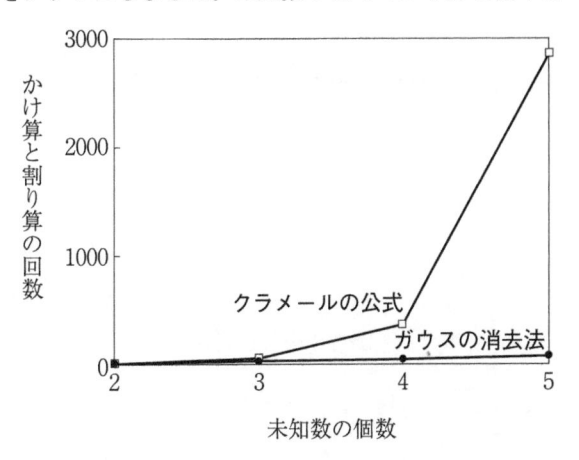

図 4-1 二つの方式のかけ算と割り算の回数

回数は2880回と65回で、約45倍も違います。というわけで、ガウスの消去法が圧倒的に効率の良い方法であることがわかります。

■ガウスの消去法

では、これほど効率の良いガウスの消去法とは、いったいどのような方法なのでしょうか？ それを見てみましょう。例題として、第1章の鶴亀算とほとんど同じ問題を考えます。以下で違っているのは数字だけです。

＊さゆりさんとのぞむ君とまさこさんが、コンビニでお菓子を買いました。さゆりさんは、チョコレート2個とアメ1個とガム2個を買い390円でした。また、のぞむ君は、チョコレート3個とアメ2個とガム1個を買い470円でした。まさこさんは、チョコレート2個とアメ2個とガム3個を買い510円でした。チョコレート、アメ、ガムのそれぞれの値段はいくらでしょう。

これを方程式に書き換えると、次のようになります。

$$2x+1y+2z=390 \quad (4\text{-}1)$$
$$3x+2y+1z=470 \quad (4\text{-}2)$$
$$2x+2y+3z=510 \quad (4\text{-}3)$$

また、これを行列で書くと次のようになります。

第4章 行列の数値計算

$$\begin{pmatrix} 2 & 1 & 2 \\ 3 & 2 & 1 \\ 2 & 2 & 3 \end{pmatrix} \begin{pmatrix} x \\ y \\ z \end{pmatrix} = \begin{pmatrix} 390 \\ 470 \\ 510 \end{pmatrix}$$

続いて、これを拡大係数行列に書くと、次のようになります。

$$\begin{pmatrix} 2 & 1 & 2 & 390 \\ 3 & 2 & 1 & 470 \\ 2 & 2 & 3 & 510 \end{pmatrix}$$

さて、ガウスの消去法は、第1章で学んだ行の基本変形を使います。まず、1行目を $a_{11}(=2)$ で割ります。すると、

$$\begin{pmatrix} 1 & 0.5 & 1 & 195 \\ 3 & 2 & 1 & 470 \\ 2 & 2 & 3 & 510 \end{pmatrix}$$

となります。次に、

$$2\,行目 - 1\,行目 \times a_{21}$$

と

$$3\,行目 - 1\,行目 \times a_{31}$$

を計算します。これは、次の結果のように a_{21} と a_{31} の成分を消去することになります。

$$\begin{pmatrix} 1 & 0.5 & 1 & 195 \\ 0 & 0.5 & -2 & -115 \\ 0 & 1 & 1 & 120 \end{pmatrix}$$

次に、2行目を $a_{22}(=0.5)$ で割ります。すると、

$$\begin{pmatrix} 1 & 0.5 & 1 & 195 \\ 0 & 1 & -4 & -230 \\ 0 & 1 & 1 & 120 \end{pmatrix}$$

となり、$a_{22}=1$ となります。続いて、

$$3\text{行目} - 2\text{行目} \times a_{32}$$

を計算します。これは、次の結果のように a_{32} を消去することになります。

$$\begin{pmatrix} 1 & 0.5 & 1 & 195 \\ 0 & 1 & -4 & -230 \\ 0 & 0 & 5 & 350 \end{pmatrix}$$

次に、3行目を $a_{33}(=5)$ で割ります。すると、

$$\begin{pmatrix} 1 & 0.5 & 1 & 195 \\ 0 & 1 & -4 & -230 \\ 0 & 0 & 1 & 70 \end{pmatrix}$$

となり、$a_{33}=1$ となります。これで左側の3行3列の小行列の対角線上に1が並びました。この段階で方程式としては、3行目から

$$z = 70$$

が求まったことになります(ここまでを、前進ステップと呼びます)。

さて、ここからyとxを順番に求めましょう。次に、

$$1\text{行目} - 3\text{行目} \times a_{13}$$

と

$$2\text{行目} - 3\text{行目} \times a_{23}$$

を計算します。これは、次の結果のようにa_{13}とa_{23}を消去することになります。

$$\begin{pmatrix} 1 & 0.5 & 0 & 125 \\ 0 & 1 & 0 & 50 \\ 0 & 0 & 1 & 70 \end{pmatrix}$$

これで、

$$y = 50$$

が求まりました。最後に、

$$1\text{行目} - 2\text{行目} \times a_{12}$$

を計算します。これは、次の結果のようにa_{12}を消去することになります。

$$\begin{pmatrix} 1 & 0 & 0 & 100 \\ 0 & 1 & 0 & 50 \\ 0 & 0 & 1 & 70 \end{pmatrix}$$

これで、

$$x = 100$$

が求まりました(ここまでを後退ステップと呼びます)。これが**ガウスの消去法**です。紙面はかなり使いましたが、計算そのものは簡単です。

このガウスの消去法では、最初からzを求める段階までを**前進ステップ**と呼び、その後で、xとyを求める段階を**後退ステップ**と呼びます。前進ステップが終わった段階で階段行列が得られています。ここで見たように、この階段行列の階数と、後退ステップが終わって得られる単位行列(左側の小行列)の階数は同じです。

ガウスの消去法は別名で、**掃き出し法**とも呼びます。箒で掃き出すように、不要な成分を消していくことにちなんでいます。もっとも、現代の若い世代は箒を使ったことがほとんどないかもしれませんね。

■表計算ソフトで行列を計算してみよう!

工学などでの実際の行列の計算では、コンピューターを使って数値計算を行います。数値計算では、FORTRANやCなどのプログラミング言語を使う場合が多いのですが、簡単なものは表計算ソフトでも解けます。そこで、本

書では表計算ソフトの「エクセル」を使って解いてみます。エクセルを持っていない方は、フリーのソフトウェアの「OpenOffice」でも同じ計算ができます。OpenOfficeは、エクセルのファイルも開けます(OpenOfficeのダウンロードサイトは、インターネット上で検索をかければ容易に見つけられると思います)。

コンピューターは、単純に考えると非常に高性能な電卓のようなものです。とにかく四則(+、−、×、÷)の膨大な計算を瞬時にやってくれます。実はコンピューターでは、積分や微分のような一見難しい計算を、すべて四則に置き換えて計算します。したがって、高度な数学の知識はあまり必要なくなります。

以下のエクセルファイルは講談社ブルーバックスのホームページ内にある「ブルーバックスシリーズのサポートページ」(http://shop.kodansha.jp/bc/books/bluebacks/bsupport/bsupport.html)からダウンロードできます。このサポートページの中から「ガウスの消去法」と書かれているファイルをダウンロードして下さい(ダウンロードできる環境にない方は、少し面倒ですがエクセルに数値を打ち込む必要があります)。

■行列のかけ算

最初に簡単な計算の例として、行列のかけ算を見てみましょう。行列は3行3列のものを考えます。

ファイルを開いて「3行3列 行列のかけ算1」と書かれたシートを開いて下さい。上部に

	A	B	C	D	E	F	G	H	I	J	K	L
1	行列A	1	2	3	行列B	1	2	3		1	2	3
2	1	a11	a12	a13		b11	b12	b13		c11	c12	c13
3	2	a21	a22	a23	x	b21	b22	b23	=	c21	c22	c23
4	3	a31	a32	a33		b31	b32	b33		c31	c32	c33
5												
6		1	1	3		2	-2	1		1	0	0
7		0	1	2	x	2	-1	2	=	0	1	0
8		-1	0	-2		-1	1	-1		0	0	1

という表示が出ます。ここで太い枠で囲ったB6の欄からD8の欄までは、行列 **A** の成分の a_{11} から a_{33} を入力します。また、F6の欄からH8の欄までは、行列 **B** の成分の b_{11} から b_{33} を入力します。これらを入力すると、J6の欄からL8の欄に、そのかけ算 **AB** の成分が表示されるというものです。

この中身がどうなっているかは、J6の欄をクリックしてみるとわかります。クリックすると、埋め込まれている数式

$$=B6*F6+C6*F7+D6*F8$$

が上の欄に現れます（ファイルをダウンロードできない方は入力してみて下さい）。この式は、

$$c_{11} = a_{11}b_{11} + a_{12}b_{21} + a_{13}b_{31}$$

に対応しています。同様に J7 から L8 の欄に各成分の計算式が埋め込まれています。

このように、行列の計算が簡単に行えます。

第4章 行列の数値計算

■ガウスの消去法の計算

次に、方程式を解くときに頻繁に使われるガウスの消去法を見てみましょう。

ファイルを開いて「ガウスの消去法　3行3列　連立1次方程式」と書かれたシートを開いて下さい。上部に

	A	B	C	D	E
1		行列	1	2	3 ベクトル
2		1	a11	a12	a13	b1
3		2	a21	a22	a23	b2
4		3	a31	a32	a33	b3
5					
6			2	1	2	390
7			3	2	1	470
8			2	2	3	510

という表示が出ています。ここで太い枠で囲ったB6の欄からD8の欄までは、行列の成分のa_{11}からa_{33}を入力します。また、E6の欄からE8の欄までは、列ベクトルの成分のb_1からb_3を入力します。

次に、行列の1行目をa_{11}で割ります。

10	1行÷a11 →	1	0.5	1	195
11	2行−1行×a21 →	0	0.5	−2	−115
12	3行−1行×a31 →	0	1	1	120

この計算を行うために、C10欄には、「=C6/B6」が埋め込まれています。C10欄をクリックすると、以下のように計算式が現れるでしょう。

101

C10	▼	=	=C6/B6	
10	1行÷a11 →	1	0.5	1	195

 同様に D10 欄には、「=D6/B6」が埋め込まれ、E10 欄には「=E6/B6」が埋め込まれています。B10 欄には、「=B6/B6」を埋め込んでもかまいませんが、1 になることはわかっているので、無駄な計算を減らすために、最初から 1 を入れておきます。

 続いて、2 行目 − 1 行目 × a_{21} の計算を行います。このために、C11 欄には「=C7−C10*B7」が埋め込まれ、D11 欄には「=D7−D10*B7」が埋め込まれ、E11 欄には「=E7−E10*B7」が埋め込まれています。

 あとは、同様に計算していきます。残りは、

14		1	0.5	1	195
15	2行÷a22 →	0	1	−4	−230
16	3行−2行×a32 →	0	0	5	350
17					
18		1	0.5	1	195
19		0	1	−4	−230
20	3行÷a33 →	0	0	1	70

となっていて、たとえば D16 欄には、「=D12−D15*C12」が埋め込まれています。これで、前進ステップが終わり、ここから後退ステップに入ります。そして、以下のように E26 欄から E28 欄に解が求まります。

第4章 行列の数値計算

22	1行-3行×a13 →	1	0.5	0	125
23	2行-3行×a23 →	0	1	0	50
24		0	0	1	70
25					
26	1行-2行×a12 →	1	0	0	100
27		0	1	0	50
28		0	0	1	70

この掃き出し法の計算では、a_{11} や a_{22} で割り算をするところがありますが、この a_{11} や a_{22} を**ピボット**と呼びます。ピボットとは、「軸」のことです。行列によっては、a_{11} や a_{22} がゼロになっているものもありますが、ゼロで割り算はできないので、その場合は最初に行の交換をする必要があります。コンピューターでプログラムを書くときには、行の交換をプログラム上で行うことが可能ですが、このエクセル上の計算では、人間の手で最初に交換しておく必要があります。

さてこれで、ガウスの消去法の数値計算が可能になりました。同じようにプログラムを作ればもっと大きい行列の計算も可能です。

■ガウスの消去法を使った逆行列の導出

前節では、

(小行列 A　列ベクトル b)

という拡大係数行列にガウスの消去法を施して、

(単位行列 E　解の列ベクトル x)

という形に変形しました。一方、第2章では、次の行列

$$（小行列\ \mathbf{A}\quad 単位行列\ \mathbf{E}）\qquad (4\text{-}4)$$

に、行の基本変形を行うことによって、

$$（単位行列\ \mathbf{E}\quad 逆行列\ \mathbf{A}^{-1}）$$

という形に変形できることを知りました。ということは、前節で用いたガウスの消去法を、(4-4)の行列に施すと、左側の小行列 $\mathbf{A}$ は単位行列 $\mathbf{E}$ に変わり、右側の小行列である単位行列 $\mathbf{E}$ は、逆行列 $\mathbf{A}^{-1}$ に変わることがわかります。

ファイルの中の3枚目のシートである「ガウスの消去法 3行3列　逆行列」を開いて下さい。ここでは、前節と同じガウスの消去法によって逆行列を求めています。(4-4) の行列を最初に示し、

	A	B	C	D	E	F	G
1		行列	1	2	3	ベクトル		
2		1	a11	a12	a13	b11	b12	b13
3		2	a21	a22	a23	b21	b22	b23
4		3	a31	a32	a33	b31	b32	b33
5								
6				行列A			単位行列	
7			1	1	3	1	0	0
8			0	1	2	0	1	0
9			-1	0	-2	0	0	1

続いて、行列 $\mathbf{A}$ と単位行列 $\mathbf{E}$ に、前節と同じようにガウスの消去法による行の基本変形を施します。

11	1行÷a11 →	1	1	3	1	0	0
12	2行−1行×a21 →	0	1	2	0	1	0
13	3行−1行×a31 →	0	1	1	1	0	1
14							
15		1	1	3	1	0	0
16	2行÷a22 →	0	1	2	0	1	0
17	3行−2行×a32 →	0	0	−1	1	−1	1
18							
19		1	1	3	1	0	0
20		0	1	2	0	1	0
21	3行÷a33 →	0	0	1	−1	1	−1
22							
23	1行−3行×a13 →	1	1	0	4	−3	3
24	2行−3行×a23 →	0	1	0	2	−1	2
25		0	0	1	−1	1	−1

すると、逆行列が求まります。

					逆行列A-1		
27							
28	1行−2行×a12 →	1	0	0	2	−2	1
29		0	1	0	2	−1	2
30		0	0	1	−1	1	−1

■数値計算の世界での一歩

　線形代数の実際の計算では数値計算が多用されています。この数値計算の手法には、ここで述べたガウスの消去法だけでなく、他にも多くの手法があり、数値計算だけで大きな学問分野になっています。そこにはこの分野固有のおもしろさがあります。

　一方、コンピューターの１ユーザーとして数値計算を行う場合に、いちいちそれらの計算手法を熟知しないといけないのでは大変です。そこで、これらの計算手法をまとめたライブラリと呼ばれるプログラム集が存在します。ライ

ブラリを利用すれば、数値計算の方法の中身を知らなくても、間に合う場合が多いようです。計算手法をどの程度まで理解すべきかは、読者のみなさんがどの程度数値計算の必要性に迫られているかによって変わります。本書では、ガウスの消去法によって、数値計算の世界に少し足を踏み入れました。一歩踏み込むことは、とても大きな意味を持っています。今後は「ガウスの消去法」と聞いても、もはやうろたえることはないでしょう。また、3行3列の小さな行列であったにしても、その数値計算を体験したので、その感覚がつかめたと思います。

　次章では、ここまでとは全く違う「空間」についての話を見てみましょう。

第5章

空間とベクトルの不思議な関係

■ベクトルとスカラー

方程式を解くという観点から"行列"を眺めてきました。線形代数の世界は、方程式だけでなく、空間とも密接につながっています。本章では、そのおもしろい関わりを見ていきましょう。第1章では、行列とペアで列ベクトル

$$\begin{pmatrix} x \\ y \end{pmatrix}$$

が登場しましたが、本章ではベクトルに注目します。

ベクトルは、2次元や3次元の空間では図に書くことができます。たとえば、2次元のベクトルは、図5-1のように xy 平面で表せます。原点を始点として、矢印で表します。長さと方向の2つの情報を持っています。ベクトルではない普通の数は、**スカラー**と呼びます。スカラーは、実数と虚数の両方を含みます。物理量でまぎらわしい例は、「速度」と「速さ」です。速度はベクトルで、速さはスカラーであると定義されています。

座標でベクトルを表すと、たとえば $\begin{pmatrix} 3 \\ 2 \end{pmatrix}$ となります。座標については、高校までに慣れ親しんだ $(3, 2)$ と表現する方法もありますが、ここでは列ベクトルの表示を使うことにしましょう。

このベクトルは、x 軸上のベクトル $\begin{pmatrix} 1 \\ 0 \end{pmatrix}$ と y 軸上のベクトル $\begin{pmatrix} 0 \\ 1 \end{pmatrix}$ を使って次のように書くこともできます。

第 5 章　空間とベクトルの不思議な関係

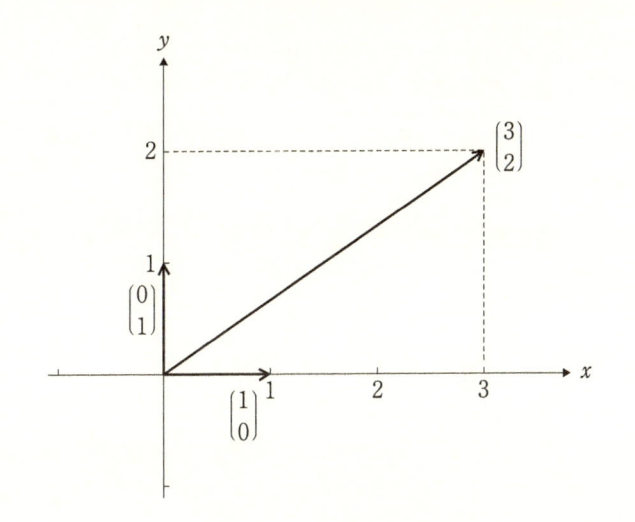

図 5-1　xy 平面内のベクトル

xy 平面内のベクトルは、2 つの基底ベクトルの組み合わせで表せます。

$$\begin{pmatrix} 3 \\ 2 \end{pmatrix} = 3 \times \begin{pmatrix} 1 \\ 0 \end{pmatrix} + 2 \times \begin{pmatrix} 0 \\ 1 \end{pmatrix}$$

また、xy 平面上の任意の $\begin{pmatrix} x \\ y \end{pmatrix}$ も

$$\begin{pmatrix} x \\ y \end{pmatrix} = x \begin{pmatrix} 1 \\ 0 \end{pmatrix} + y \begin{pmatrix} 0 \\ 1 \end{pmatrix}$$

という式で表すことができます。この式の右辺を **1 次結合**とか**線形結合**と呼びます。つまり、xy 平面上のどの点も

$\begin{pmatrix}1\\0\end{pmatrix}$ と $\begin{pmatrix}0\\1\end{pmatrix}$ の1次結合で表すことができるわけです。この基本となる $\begin{pmatrix}1\\0\end{pmatrix}$ と $\begin{pmatrix}0\\1\end{pmatrix}$ の列ベクトルを**基底**（あるいは**基底ベクトル**）と呼びます。

この基底を使って、次のような式を考えます。右辺はゼロベクトルです。

$$a_1 \begin{pmatrix}1\\0\end{pmatrix} + a_2 \begin{pmatrix}0\\1\end{pmatrix} = \begin{pmatrix}0\\0\end{pmatrix}$$

このとき、この式が成立するのは、係数 a_1 と係数 a_2 がともにゼロであるときだけであることが、少し考えてみるとわかります。このような関係を $\begin{pmatrix}1\\0\end{pmatrix}$ と $\begin{pmatrix}0\\1\end{pmatrix}$ は**1次独立**な列ベクトルであると言います。基底ベクトルであるためには「お互いに1次独立であること」という条件がついています。

では、1次独立でない場合はどのような場合かというと、次のような場合です。

$$a_1 \begin{pmatrix}1\\0\end{pmatrix} + a_2 \begin{pmatrix}3\\0\end{pmatrix} = \begin{pmatrix}0\\0\end{pmatrix}$$

この場合は、一例として、$a_1 = 3$ で $a_2 = -1$ とするとこの式が成立します。つまり、$a_1 = a_2 = 0$ 以外の場合でも上式が成立するのです。このようなとき $\begin{pmatrix}1\\0\end{pmatrix}$ と $\begin{pmatrix}3\\0\end{pmatrix}$ は**1次従属**な

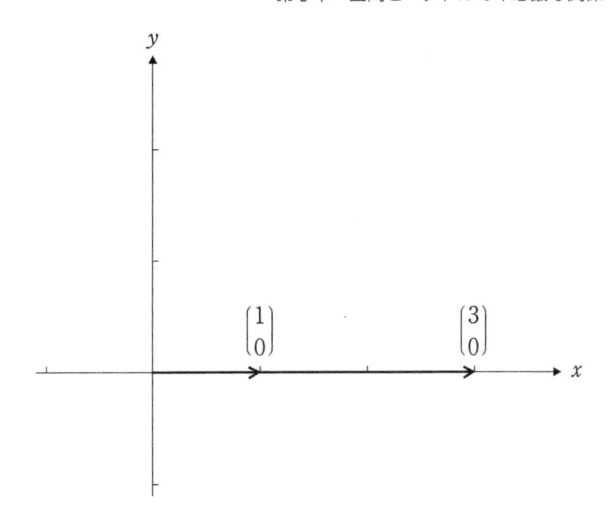

図5-2 2次元空間での1次従属なベクトル

列ベクトルであると言います。この1次従属な2つのベクトルをプロットすると図5-2になります。

このように長さは違いますが、方向は同じです。つまり1次従属な列ベクトルとは、「方向が同じベクトル」を表していることになります（2次元の場合）。数学以外の分野での「従属」の意味は「何かに従うこと」ですが、グラフ上ではこのようにベクトル$\begin{pmatrix}1\\0\end{pmatrix}$はベクトル$\begin{pmatrix}3\\0\end{pmatrix}$に追従しているように見えます。一方、1次独立なベクトルは図5-1の$\begin{pmatrix}1\\0\end{pmatrix}$と$\begin{pmatrix}0\\1\end{pmatrix}$のように、方向は異なっています。

■ 3次元での1次従属とは？

 では さらに話を進めて、3次元の空間での1次従属がどのようなものであるのか、見てみましょう。まず、3次元での最も一般的な基底の取り方は、図5-3の xyz 空間で、

$$\mathbf{b}_1 = \begin{pmatrix} 1 \\ 0 \\ 0 \end{pmatrix}, \quad \mathbf{b}_2 = \begin{pmatrix} 0 \\ 1 \\ 0 \end{pmatrix}, \quad \mathbf{b}_3 = \begin{pmatrix} 0 \\ 0 \\ 1 \end{pmatrix}$$

という取り方です。これは、x, y, z のそれぞれの軸での**単位ベクトル**です（単位ベクトルとは長さが1のベクトルで

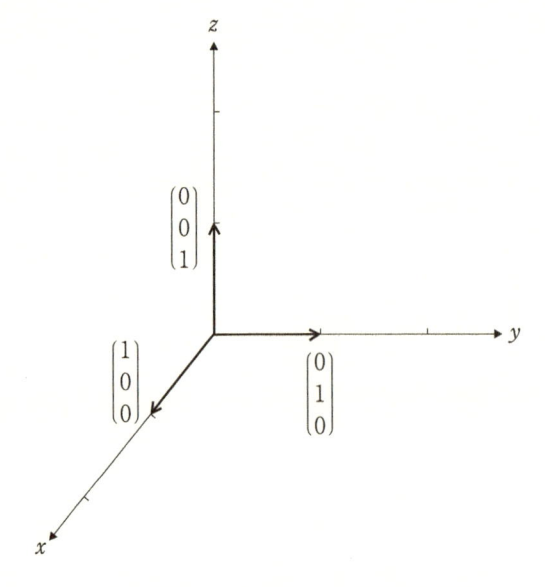

図5-3　3次元空間内での最も一般的な直交基底ベクトル

第5章 空間とベクトルの不思議な関係

す)。この場合の1次従属とは、次の数式を満たす $a_1=a_2=a_3=0$ 以外の a_1, a_2, a_3 が存在することです。

$$a_1\mathbf{b}_1+a_2\mathbf{b}_2+a_3\mathbf{b}_3=\begin{pmatrix}0\\0\\0\end{pmatrix}$$

この $\mathbf{b}_1, \mathbf{b}_2, \mathbf{b}_3$ の取り方では、このような（≠0の）a_1, a_2, a_3 は存在しないので、$\mathbf{b}_1, \mathbf{b}_2, \mathbf{b}_3$ が1次独立であることがわかります。

一方、1次従属なベクトルの取り方の例の1つは、

$$a_1\begin{pmatrix}1\\0\\0\end{pmatrix}+a_2\begin{pmatrix}2\\0\\0\end{pmatrix}+a_3\begin{pmatrix}0\\0\\1\end{pmatrix}=\begin{pmatrix}0\\0\\0\end{pmatrix}$$

という場合などです。この場合は、図5-4のように列ベクトルのうち2つが1つの直線上にあり $a_1=2, a_2=-1, a_3=0$ という場合には、上式が成立します。

3次元空間では2つのベクトルが1つの直線上になくても1次従属が成立します。それは次のような場合です。

$$a_1\begin{pmatrix}1\\0\\0\end{pmatrix}+a_2\begin{pmatrix}1\\1\\0\end{pmatrix}+a_3\begin{pmatrix}0\\1\\0\end{pmatrix}=\begin{pmatrix}0\\0\\0\end{pmatrix}$$

この場合には、$a_1=1, a_2=-1, a_3=1$ のときに上式が成立します。この2つの場合が空間的にはどのような関係になっているか図5-4と図5-5で確認してみましょう。

1次従属の関係にある3つの
ベクトルは、xz平面内にある。

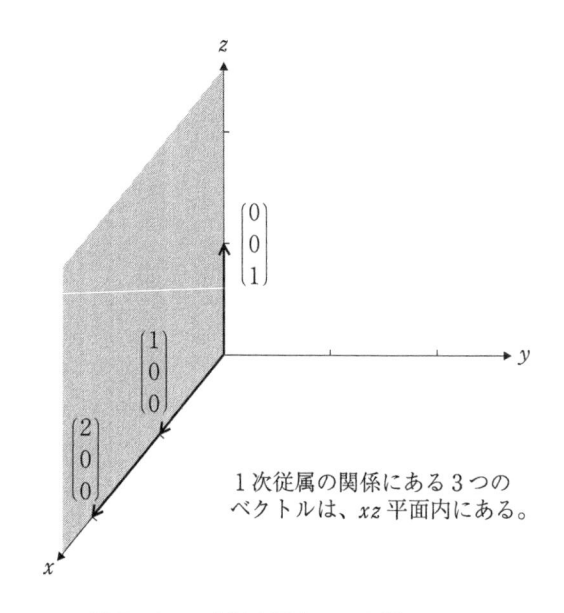

図5-4　3次元空間内の1次従属なベクトル

　図5-5の場合は、3つのベクトルのどれも同じ直線上にはありません。しかし、この2つの図には共通点があります。よく見てみましょう。それは、どちらの図でも3つのベクトルは同一平面内にあるということです。つまり、「3つのベクトルが同一の平面内にあること」が3次元空間の場合に1次従属になる条件であることがわかります。

　では、さらに次元を増やして4次元以上の場合はどうでしょうか？　それを図にするのは大変です。ということで、本書では3次元まででやめておきましょう。

　これらの2次元と3次元の例で見たように、1次従属な

第5章 空間とベクトルの不思議な関係

1次従属の関係にある3つの
ベクトルは、xy平面内にある。

$\begin{pmatrix}0\\1\\0\end{pmatrix}$

$\begin{pmatrix}1\\0\\0\end{pmatrix}$

$\begin{pmatrix}1\\1\\0\end{pmatrix}$

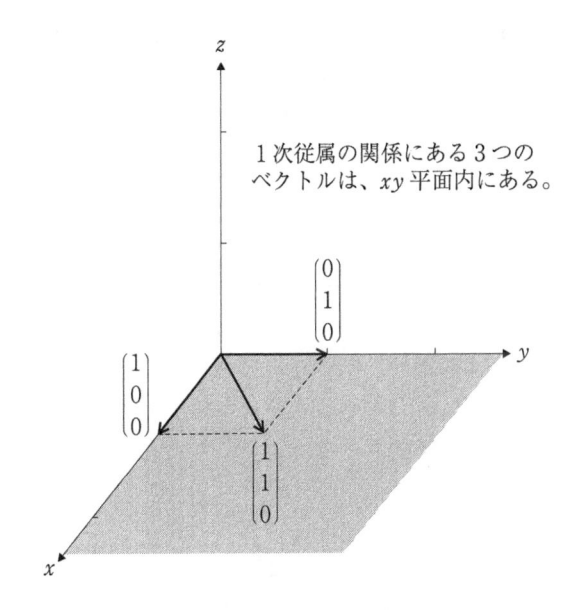

図5-5　3次元空間内の1次従属なベクトル

ベクトルの1次結合で表せるベクトルは、次元が1つ足りないのです。2次元の場合は、1つの直線上のベクトル（つまり1次元）しか表せず、3次元の場合は1つの平面内のベクトル（つまり2次元）しか表せないということです。したがって、1次従属なベクトルを次元の数だけ（2次元だと2個で、3次元だと3個）集めても、その次元のベクトルをすべて表せる"基底"にはならないということがわかります。

これはまた、逆に言うと、次元の数と同じ個数の1次独立なベクトルを基底としてそろえると、その1次結合で、

すべてのベクトルを表せることを意味します。2次元の平面では、1次独立なベクトルを2つそろえればよく、3次元の立体空間では、1次独立なベクトルを3つそろえれば、その1次結合ですべてのベクトルを表せます。

■別の基底の取り方

ここまでの基底は、座標系で最もよく使われている**正規直交**な基底を使いました。正規とは長さが1であることで、直交とは基底どうしのなす角が90度であることです。基底の取り方には「正規直交」以外の取り方もあります。基底ベクトルの取り方を変えるということは、座標の変換を意味します。

2次元の xy 平面での別の例を見てみましょう。図5-6では、新しい基底ベクトルを

$$\mathbf{c}_1 = \begin{pmatrix} 2 \\ 0 \end{pmatrix} \quad \text{と} \quad \mathbf{c}_2 = \begin{pmatrix} 1 \\ 1 \end{pmatrix}$$

ととります。この新しい基底の内積を計算してみましょう。内積は、高校で習ったように、2つのベクトル

$$\mathbf{a} = \begin{pmatrix} a_1 \\ a_2 \end{pmatrix} \quad \text{と} \quad \mathbf{b} = \begin{pmatrix} b_1 \\ b_2 \end{pmatrix}$$

がなす角を θ としたとき

$$\begin{aligned} \mathbf{a} \cdot \mathbf{b} &= |\mathbf{a}||\mathbf{b}|\cos\theta \\ &= a_1 b_1 + a_2 b_2 \end{aligned}$$

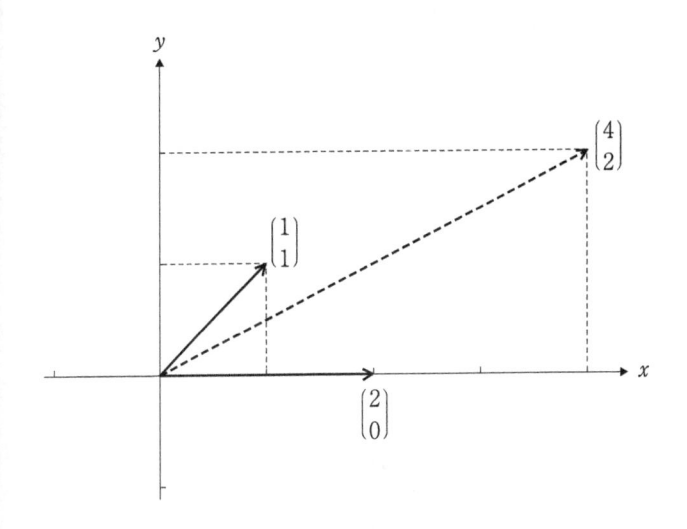

図5-6 基底ベクトルのとり方を変える

で定義されています。これを行ベクトルと列ベクトルを使って書くと

$$= (a_1 \ a_2) \begin{pmatrix} b_1 \\ b_2 \end{pmatrix}$$

$$= {}^t\mathbf{a}\mathbf{b}$$

となります。${}^t\mathbf{a}$ は $\mathbf{a}$ の転置行列を表します。上式のように「列ベクトル $\mathbf{a}$ の転置行列は行ベクトル」です。$\mathbf{a}$ と $\mathbf{b}$ が直交するときは、$\theta = \dfrac{\pi}{2}$ なので、$\cos\theta = 0$ となり内積は0になります。

さて、新しい基底ベクトル $\mathbf{c}_1$ と $\mathbf{c}_2$ の内積は、

$$\mathbf{c}_1 \cdot \mathbf{c}_2 = (2\ 0)\begin{pmatrix}1\\1\end{pmatrix} = 2\times 1 + 0\times 1 = 2$$

となります。これは、ゼロではありません。内積がゼロではないということは、(図5-6でも明らかなように) 直交していないということを表しています。

さて、この2つの基底を使ってベクトル $\begin{pmatrix}4\\2\end{pmatrix}$ を表すと

$$\begin{pmatrix}4\\2\end{pmatrix} = 1\times\begin{pmatrix}2\\0\end{pmatrix} + 2\times\begin{pmatrix}1\\1\end{pmatrix}$$
$$= 1\mathbf{c}_1 + 2\mathbf{c}_2$$

となります。この $\mathbf{c}_1$ と $\mathbf{c}_2$ の前の係数を拾うと、新しい座標系の座標

$$\begin{pmatrix}1\\2\end{pmatrix}$$

になります。これは、元の基底の $\begin{pmatrix}1\\0\end{pmatrix}$ と $\begin{pmatrix}0\\1\end{pmatrix}$ を、新しい基底である $\mathbf{c}_1$ と $\mathbf{c}_2$ に変えたことによって、座標が $\begin{pmatrix}4\\2\end{pmatrix}$ から $\begin{pmatrix}1\\2\end{pmatrix}$ に変わったことを意味します。これを**座標変換**と呼びます。

この座標変換では元の座標での $\begin{pmatrix}2\\0\end{pmatrix} = 1\mathbf{c}_1 + 0\mathbf{c}_2$ は新しい

座標の $\begin{pmatrix} 1 \\ 0 \end{pmatrix}$ に変わり、元の座標での $\begin{pmatrix} 1 \\ 1 \end{pmatrix} = 0\mathbf{c}_1 + 1\mathbf{c}_2$ は新しい座標の $\begin{pmatrix} 0 \\ 1 \end{pmatrix}$ に変わりました。

この座標変換は、行列で表すことができます。行列を使って書くと

$$\begin{pmatrix} 1 \\ 0 \end{pmatrix} = \begin{pmatrix} a_{11} & a_{12} \\ a_{21} & a_{22} \end{pmatrix} \begin{pmatrix} 2 \\ 0 \end{pmatrix}$$

$$\begin{pmatrix} 0 \\ 1 \end{pmatrix} = \begin{pmatrix} a_{11} & a_{12} \\ a_{21} & a_{22} \end{pmatrix} \begin{pmatrix} 1 \\ 1 \end{pmatrix}$$

となります。この行列の成分は、この2つの方程式を解けば求められます。これを4つの方程式に分解すると、

$$1 = 2a_{11}$$
$$0 = 2a_{21}$$
$$0 = a_{11} + a_{12}$$
$$1 = a_{21} + a_{22}$$

となります。これらから各成分を求めると、

$$a_{11} = 0.5$$
$$a_{21} = 0$$
$$a_{12} = -0.5$$
$$a_{22} = 1$$

となり、行列が求まります。結果は、

$$\begin{pmatrix} a_{11} & a_{12} \\ a_{21} & a_{22} \end{pmatrix} = \begin{pmatrix} 0.5 & -0.5 \\ 0 & 1 \end{pmatrix}$$

です。したがって、元の座標系のベクトルはこの行列によって変換されることになります。ためしに、元の座標の $\begin{pmatrix} 4 \\ 2 \end{pmatrix}$ を変換してみましょう。

$$\begin{pmatrix} a_{11} & a_{12} \\ a_{21} & a_{22} \end{pmatrix} \begin{pmatrix} 4 \\ 2 \end{pmatrix} = \begin{pmatrix} 0.5 & -0.5 \\ 0 & 1 \end{pmatrix} \begin{pmatrix} 4 \\ 2 \end{pmatrix}$$
$$= \begin{pmatrix} 0.5 \times 4 - 0.5 \times 2 \\ 0 \times 4 + 1 \times 2 \end{pmatrix}$$
$$= \begin{pmatrix} 1 \\ 2 \end{pmatrix}$$

となり、118ページと同じ結果が得られました。

■シュミットの直交化法

ここで新しい基底である c_1 と c_2 は直交してはいません。応用上は直交した基底の方が便利なので、基底を直交化する必要に迫られることがあります。そういう場合に役立つのが、**シュミットの直交化法**という「直交していない基底から、直交した基底を作る方法」です。ここでは、c_1 と c_2 を直交化してみましょう。

まず、この基底のうちどちらか1つの方向を直交化後の基底と同じにとります。ここでは、c_1 を選ぶことにしましょう。そこで、新しい基底ベクトルの1つ d_1 は、

第5章　空間とベクトルの不思議な関係

$$\mathbf{u}_1 = \frac{\mathbf{d}_1}{|\mathbf{d}_1|} = \begin{pmatrix}1\\0\end{pmatrix} \quad \mathbf{d}_1 = \mathbf{c}_1 = \begin{pmatrix}2\\0\end{pmatrix} \qquad |\mathbf{c}_2|\cos\theta \quad \mathbf{d}_1 = \begin{pmatrix}2\\0\end{pmatrix}$$

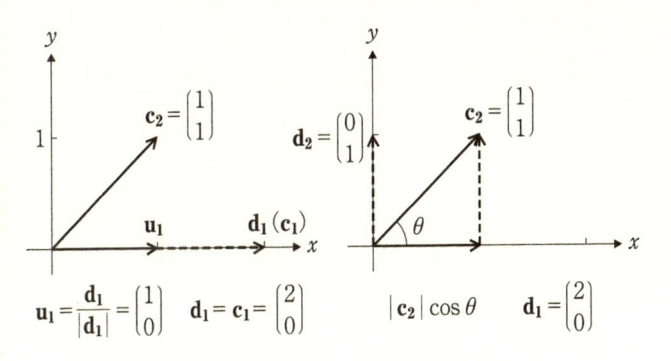

図5-7　シュミットの直交化法とは

$$\mathbf{d}_1 = \mathbf{c}_1 = \begin{pmatrix}2\\0\end{pmatrix}$$

です。

この $\mathbf{d}_1$ の大きさは $|\mathbf{d}_1|=2$ ですが、$\mathbf{d}_1$ を $|\mathbf{d}_1|$ で割った長さ1のベクトルは単位ベクトルです。これは $\mathbf{u}_1$ で書くことにしましょう。

式で書くと

$$\mathbf{u}_1 \equiv \frac{\mathbf{d}_1}{|\mathbf{d}_1|}$$
$$=\frac{1}{2}\begin{pmatrix}2\\0\end{pmatrix}=\begin{pmatrix}1\\0\end{pmatrix}$$

です。このベクトルは、図5-7左図では x 軸上の実線のベクトルです。

次に d_1 に直交した基底ベクトルを作る方法を考える必要があります。基底ベクトル c_2 は、d_1 に平行なベクトルと d_1 に垂直なベクトルに分解することができます。式で書くと

$c_2=d_1$ に平行なベクトル$+d_1$ に垂直なベクトル

∴ d_1 に垂直なベクトル$=c_2-d_1$ に平行なベクトル

です。このように d_1 に垂直なベクトルは、c_2 から「d_1 に平行なベクトル」を引けばよいということがわかります。実際にグラフを見てみましょう。c_2 から「d_1 に平行なベクトル」を引くと、図5-7の右図の破線で書いたベクトルになります。これは、図の通り d_1 に直交しているので、このベクトルをもう1つの基底 d_2 にとります。

この d_2 を式で書いてみましょう。まず、(c_2 の) d_1 に平行なベクトルというのは、c_2 と d_1 のなす角を θ とすると、その長さは $|c_2|\cos\theta$ です。この長さは、内積 $c_2 \cdot u_1$ に等しいので、このベクトルは次式のように書けます。

$$(c_2 \cdot u_1)u_1 = (c_2 \cdot d_1)\frac{d_1}{|d_1|^2} = \begin{pmatrix} 1 \\ 0 \end{pmatrix}$$

図5-7では、θ は45度で $|c_2|=\sqrt{2}$、$|d_1|=2$ なので内積は1になります。d_2 は c_2 から「d_1 に平行なベクトル」を引いたものなので、

$$d_2 = c_2 - (c_2 \cdot d_1)\frac{d_1}{|d_1|^2} = \begin{pmatrix} 0 \\ 1 \end{pmatrix}$$

となります。これがシュミットの直交化法です。

この例は2次元ですが、基底が、$\mathbf{a}_1, \mathbf{a}_2, \mathbf{a}_3$ である3次元の空間でもシュミットの直交化法を適用できます。新しい基底ベクトルの $\mathbf{b}_1, \mathbf{b}_2, \mathbf{b}_3$ の導き方はここまでと同じです。導き方は割愛しますが、$\mathbf{b}_3$ の結果だけ書くと、

$$\mathbf{b}_3 = \mathbf{a}_3 - (\mathbf{a}_3 \cdot \mathbf{b}_1)\frac{\mathbf{b}_1}{|\mathbf{b}_1|^2} - (\mathbf{a}_3 \cdot \mathbf{b}_2)\frac{\mathbf{b}_2}{|\mathbf{b}_2|^2}$$

となります。

■ 1次独立かどうかを明らかにする行列式

基底ベクトルを選んだとき、それが1次独立であるかどうかを簡単に判断する方法はないでしょうか? 実はその方法があるのです。それは次の**グラムの行列式（グラミアン**とも呼びます）がゼロであるかどうかを調べる方法です。

3次元の空間で、$\mathbf{a}_1, \mathbf{a}_2, \mathbf{a}_3$ が1次独立かどうかを判定するグラムの行列式は、次のような形をしています。

$$\begin{vmatrix} \mathbf{a}_1 \cdot \mathbf{a}_1 & \mathbf{a}_1 \cdot \mathbf{a}_2 & \mathbf{a}_1 \cdot \mathbf{a}_3 \\ \mathbf{a}_2 \cdot \mathbf{a}_1 & \mathbf{a}_2 \cdot \mathbf{a}_2 & \mathbf{a}_2 \cdot \mathbf{a}_3 \\ \mathbf{a}_3 \cdot \mathbf{a}_1 & \mathbf{a}_3 \cdot \mathbf{a}_2 & \mathbf{a}_3 \cdot \mathbf{a}_3 \end{vmatrix} \equiv \mathrm{Gramian}(\mathbf{a}_1, \mathbf{a}_2, \mathbf{a}_3)$$

内積がたくさん並んでいます。証明は割愛しますが、1次独立であるのは、

$$\text{Gramian}(\mathbf{a}_1, \mathbf{a}_2, \mathbf{a}_3) \neq 0$$

の場合です。

　例を見てみましょう。1次独立な列ベクトルのうち最も簡単な組み合わせは、

$$\mathbf{a}_1 = \begin{pmatrix} 1 \\ 0 \\ 0 \end{pmatrix}, \quad \mathbf{a}_2 = \begin{pmatrix} 0 \\ 1 \\ 0 \end{pmatrix}, \quad \mathbf{a}_3 = \begin{pmatrix} 0 \\ 0 \\ 1 \end{pmatrix}$$

です。これを使ってグラムの行列式を計算してみましょう。すると、

$$\begin{vmatrix} 1 & 0 & 0 \\ 0 & 1 & 0 \\ 0 & 0 & 1 \end{vmatrix} = 1 \neq 0$$

となり、グラミアンはノットゼロ（$\neq 0$）です。

　1次従属の例も見ておきましょう。

$$\mathbf{a}_1 = \begin{pmatrix} 1 \\ 0 \\ 0 \end{pmatrix}, \quad \mathbf{a}_2 = \begin{pmatrix} 1 \\ 1 \\ 0 \end{pmatrix}, \quad \mathbf{a}_3 = \begin{pmatrix} 0 \\ 1 \\ 0 \end{pmatrix}$$

この場合のグラムの行列式は、

$$\begin{vmatrix} 1 & 1 & 0 \\ 1 & 2 & 1 \\ 0 & 1 & 1 \end{vmatrix} = 2 - 1 - 1 = 0$$

となりゼロになります。

このように、グラムの行列式がゼロであるかどうかで1次従属か1次独立かを判別できるのです。

■ベクトル空間

ベクトルを考えた2次元や3次元の空間のことを、**ベクトル空間**（または**線形空間**）と呼びます。ここではベクトルの

　　　足し算 $\mathbf{a}+\mathbf{b}$ と スカラー倍 $k\mathbf{a}$ （k は複素数）

が定義されていて、その結果もやはりこのベクトル空間内にあります。たとえば、xy 平面内の2次元のベクトルどうしの足し算の結果は、やはり xy 平面内の2次元のベクトルになり、3次元のベクトルになることはありません。

ベクトル空間では次の条件が成り立ちます。ここで $\mathbf{a}, \mathbf{b}, \mathbf{c}$ はベクトルで k, h はスカラーです。

$\mathbf{a}+\mathbf{b}=\mathbf{b}+\mathbf{a}$

$(\mathbf{a}+\mathbf{b})+\mathbf{c}=\mathbf{a}+(\mathbf{b}+\mathbf{c})$

$\mathbf{a}+\mathbf{o}=\mathbf{a}$　　$\mathbf{o}$ は零ベクトル

$\mathbf{a}+(-\mathbf{a})=\mathbf{o}$　　$\mathbf{a}$ に対して左式を満たす唯一の $-\mathbf{a}$ が存在する

$k(\mathbf{a}+\mathbf{b})=k\mathbf{a}+k\mathbf{b}$

$(k+h)\mathbf{a}=k\mathbf{a}+h\mathbf{a}$

$(kh)\mathbf{a}=k(h\mathbf{a})$

$1\mathbf{a}=\mathbf{a}$

ベクトルの成分が実数のベクトル空間を**実ベクトル空間**と呼び、ベクトルの成分が虚数を含むベクトル空間を**複素ベクトル空間**と呼びます。3次元の実ベクトル空間は通常 $\mathbf{R}^3$ で表し、3次元の複素ベクトル空間は通常 $\mathbf{C}^3$ で表します。R は Real を表し実数を意味し、C は Complex を表し複素数を意味します。線形代数の教科書や参考書の中には、この種の記号を多数書いているものもあります。最初は当惑するかもしれませんが、

$$\mathbf{a} \in \mathbf{R}^3$$

と書いてあったら、ベクトル **a** は、3次元の実ベクトル空間 $\mathbf{R}^3$ に含まれるベクトルであること(つまり、3次元の実ベクトルであること)を表しているにすぎません。一見難しそうな記号に見えても意味は単純なので、驚かないようにしましょう。

■方程式と1次従属の関係

本章で学んだ1次独立や1次従属は方程式とも密接な関係を持っています。ここで再び、方程式との関係を見てみましょう。

連立同次1次方程式が、(3-6) 式のように行列 **A** で表されるときには、この行列 **A** の行列式と、行列の列ベクトル $\mathbf{a}_1, \mathbf{a}_2, \cdots, \mathbf{a}_n$ や行ベクトル $\mathbf{a}'_1, \mathbf{a}'_2, \cdots, \mathbf{a}'_n$ に次のような興味深い関係が成り立ちます。以下の3つの条件はお互いに等しいというのです。

第5章 空間とベクトルの不思議な関係

条件(1) $\mathbf{A}$ の行列式はゼロ:$|\mathbf{A}|=0$
条件(2) 列ベクトル $\mathbf{a}_1, \mathbf{a}_2, \cdots, \mathbf{a}_n$ は1次従属である。
条件(3) 行ベクトル $\mathbf{a}'_1, \mathbf{a}'_2, \cdots, \mathbf{a}'_n$ は1次従属である。

この関係を証明してみましょう。

まず、「条件(1)なら条件(2)である」を証明しましょう。連立同次1次方程式

$$a_{11}x_1 + a_{12}x_2 + \cdots + a_{1n}x_n = 0$$
$$a_{21}x_1 + a_{22}x_2 + \cdots + a_{2n}x_n = 0 \qquad (5\text{-}1)$$
$$\cdots$$
$$a_{n1}x_1 + a_{n2}x_2 + \cdots + a_{nn}x_n = 0$$

において $|\mathbf{A}|=0$ ならば、自明でない解($x_1, \cdots, x_n$ の少なくとも1つがゼロでない解)を持つということは、第3章ですでに見ました。(5-1)式を、列ベクトルを使って書き直すと

$$\mathbf{a}_1 x_1 + \mathbf{a}_2 x_2 + \cdots + \mathbf{a}_n x_n = 0 \qquad (5\text{-}2)$$

となりますが、自明でない解を持つということは、この式を満たすゼロではない $x_1, x_2, \cdots, x_n$ が少なくとも1つは存在するということなので、このことは同時に $\mathbf{a}_1, \mathbf{a}_2, \cdots, \mathbf{a}_n$ が1次従属であることを表しています。よって、条件(1)が成り立つ場合は、条件(2)が成り立つことが証明できました。

次に「条件(2)が成り立つならば条件(1)が成り立

つ」ことの証明をしましょう。列ベクトルが1次従属であれば (5-2) 式が成り立つゼロではない $x_1, x_2, \cdots, x_n$ が、少なくとも1つは存在します。(5-2) 式は (5-1) 式と同じなので、これは自明ではない解が存在することを意味しています。よって、$|\mathbf{A}|=0$ となります。これで、「条件 (2) が成り立つならば条件 (1) が成り立つ」ことの証明は終わりです。「条件 (1) = 条件 (2)」が成り立つことはこれで証明できました。

では次に「条件 (1) = 条件 (3)」はどのように証明すればよいのでしょうか？ これは実は簡単なのです。というのは、(3-4) 式で、もとの行列の行列式と転置行列の行列式は同じという関係

$$|\mathbf{A}|=|{}^t\mathbf{A}|$$

を見ました。ということは $|\mathbf{A}|=0$ の場合は、上式の関係から転置行列に対応する次の連立同次1次方程式でも行列式はゼロになります。

$$\begin{aligned}
a_{11}x_1+a_{21}x_2+\cdots+a_{n1}x_n&=0 \\
a_{12}x_1+a_{22}x_2+\cdots+a_{n2}x_n&=0 \\
&\cdots \\
a_{1n}x_1+a_{2n}x_2+\cdots+a_{nn}x_n&=0
\end{aligned} \quad (5\text{-}3)$$

この (5-3) 式は (5-1) 式とよく似ていますが、a_{12} と a_{21} が入れ替わっている（つまり転置されている）ことにご注意下さい。この方程式で先ほどと同じようにすれば、「条件 (1) = 条件 (2)」の関係が成り立つことが証明でき

ます。ここでの列ベクトルは元の行列の行ベクトル $\mathbf{a}'_1$, $\mathbf{a}'_2, \cdots, \mathbf{a}'_n$ と同じです。よって

$$|\mathbf{A}| = |{}^t\mathbf{A}| = 0 \quad \underset{ならば}{\overset{ならば}{\rightleftarrows}} \quad \mathbf{a}'_1, \mathbf{a}'_2, \cdots, \mathbf{a}'_n は1次従属$$

が証明できます。この関係は、もとの行列 $\mathbf{A}$ の条件 (1) と条件 (3) の関係なので、「条件 (1) = 条件 (3)」が成り立つことを証明しています。

さてこれで、1次従属や1次独立が、「行列式がゼロであるかどうか」と密接な関係を持つことがわかりました。本章では、空間とベクトルのおもしろい関係を見ました。次章では、いよいよ固有値問題に取りかかります。

それでは、本章のまとめです。

☆ ベクトル $\mathbf{b}_1, \mathbf{b}_2, \cdots, \mathbf{b}_n$ において

$a_1\mathbf{b}_1 + a_2\mathbf{b}_2 + \cdots + a_n\mathbf{b}_n = \mathbf{0}$　　$\mathbf{0}$ はゼロベクトル

となるのが、$a_1 = a_2 = \cdots = a_n = 0$ の場合に限られるとき、これを **1次独立** なベクトルと呼ぶ。

☆ $a_1 = a_2 = \cdots = a_n = 0$ 以外でも上式が成り立つ場合、これを **1次従属** なベクトルと呼ぶ。

☆ n 次元の空間を考えたとき、1次従属な n 次のベクトルの足し算では、$n-1$ 次元以下の空間しか表せ

129

ない。

☆　基底の変換は行列のかけ算で表せる。

☆　シュミットの直交化法：直交していない基底 $\mathbf{a}_1, \mathbf{a}_2, \mathbf{a}_3$ から直交化した基底 $\mathbf{b}_1, \mathbf{b}_2, \mathbf{b}_3$ を作る方法で、次式で表される。

$$\mathbf{b}_1 = \frac{\mathbf{a}_1}{|\mathbf{a}_1|}$$

$$\mathbf{b}_2 = \mathbf{a}_2 - (\mathbf{a}_2 \cdot \mathbf{b}_1)\frac{\mathbf{b}_1}{|\mathbf{b}_1|^2}$$

$$\mathbf{b}_3 = \mathbf{a}_3 - (\mathbf{a}_3 \cdot \mathbf{b}_1)\frac{\mathbf{b}_1}{|\mathbf{b}_1|^2} - (\mathbf{a}_3 \cdot \mathbf{b}_2)\frac{\mathbf{b}_2}{|\mathbf{b}_2|^2}$$

☆　グラムの行列式：基底 $\mathbf{a}_1, \mathbf{a}_2, \cdots, \mathbf{a}_n$ が直交しているか判別する行列式で、3次元の場合

$$\mathrm{Gramian}(\mathbf{a}_1, \mathbf{a}_2, \mathbf{a}_3) \equiv \begin{vmatrix} \mathbf{a}_1 \cdot \mathbf{a}_1 & \mathbf{a}_1 \cdot \mathbf{a}_2 & \mathbf{a}_1 \cdot \mathbf{a}_3 \\ \mathbf{a}_2 \cdot \mathbf{a}_1 & \mathbf{a}_2 \cdot \mathbf{a}_2 & \mathbf{a}_2 \cdot \mathbf{a}_3 \\ \mathbf{a}_3 \cdot \mathbf{a}_1 & \mathbf{a}_3 \cdot \mathbf{a}_2 & \mathbf{a}_3 \cdot \mathbf{a}_3 \end{vmatrix} \neq 0$$

であれば、$\mathbf{a}_1, \mathbf{a}_2, \mathbf{a}_3$ は1次独立。逆に、ゼロであれば1次従属。

☆　ベクトル空間では、足し算 $\mathbf{a}+\mathbf{b}$ とスカラー倍 $k\mathbf{a}$（k は複素数）が定義されていて、その結果もやはりこのベクトル空間内にある。

☆ 連立同次1次方程式 $\mathbf{Ax}=\mathbf{0}$（$\mathbf{0}$ はゼロベクトル）において以下の3つの条件は同じ。

条件(1) $\mathbf{A}$ の行列式はゼロ：$|\mathbf{A}|=0$

条件(2) 列ベクトル $\mathbf{a}_1, \mathbf{a}_2, \cdots, \mathbf{a}_n$ は1次従属

条件(3) 行ベクトル $\mathbf{a}'_1, \mathbf{a}'_2, \cdots, \mathbf{a}'_n$ は1次従属

第6章

固有値問題ってなに？

■固有値問題

行列の計算において、連立1次方程式を解くのと同じか、それ以上に重要な問題があります。それは**固有値問題**です。と言っても、「固有値っていったいなに？」というのが読者の正直な反応だと思います。固有値問題というのは、実は物理学で頻出問題なのです。力学の問題や量子力学の問題でたくさん登場します。ここでは「固有値とはなにか？」から見ていきましょう。

正方行列 $\mathbf{A}$ と列ベクトル $\mathbf{x}$ があったときに、

$$\mathbf{A}\mathbf{x} = \lambda \mathbf{x} \tag{6-1}$$

が成り立つとします。このときのスカラー λ が**固有値**で、列ベクトル $\mathbf{x}$ を**固有ベクトル**と呼びます。また、この方程式を解くことが固有値問題です。

■固有値問題の実例

実際に例を見るとわかりやすいでしょう。$\mathbf{A}$ は次のような2次の正方行列であるとします。

$$\mathbf{A} = \begin{pmatrix} 1 & 2 \\ -1 & 4 \end{pmatrix}, \quad \mathbf{x} = \begin{pmatrix} x \\ y \end{pmatrix}$$

すると、固有値の方程式は、

$$\begin{pmatrix} 1 & 2 \\ -1 & 4 \end{pmatrix} \begin{pmatrix} x \\ y \end{pmatrix} = \lambda \begin{pmatrix} x \\ y \end{pmatrix} \tag{6-2}$$

と書けます。この方程式の右辺は単位行列を使うと、次の

ように書き換えられます。

$$= \lambda \begin{pmatrix} 1 & 0 \\ 0 & 1 \end{pmatrix} \begin{pmatrix} x \\ y \end{pmatrix} = \begin{pmatrix} \lambda & 0 \\ 0 & \lambda \end{pmatrix} \begin{pmatrix} x \\ y \end{pmatrix}$$

さらに、右辺の項を左辺に移すと

$$\begin{pmatrix} 1 & 2 \\ -1 & 4 \end{pmatrix} \begin{pmatrix} x \\ y \end{pmatrix} - \begin{pmatrix} \lambda & 0 \\ 0 & \lambda \end{pmatrix} \begin{pmatrix} x \\ y \end{pmatrix} = \begin{pmatrix} 0 \\ 0 \end{pmatrix}$$

となり、さらに左辺を整理すると、

$$\begin{pmatrix} 1-\lambda & 2 \\ -1 & 4-\lambda \end{pmatrix} \begin{pmatrix} x \\ y \end{pmatrix} = \begin{pmatrix} 0 \\ 0 \end{pmatrix} \qquad (6\text{-}3)$$

となります。この式が自明でない解（自明な解は、$x=0$ と $y=0$）を持つための条件は、すでに見たように、この左辺の行列式がゼロであることです。よって

$$0 = \begin{vmatrix} 1-\lambda & 2 \\ -1 & 4-\lambda \end{vmatrix}$$

となります。この方程式を**固有方程式**または**特性方程式**と呼び、右辺を**固有多項式**または**特性多項式**と呼びます。

次に、この λ を求めてみましょう。行列式を展開して因数分解すると、

$$\begin{aligned} &= (1-\lambda)(4-\lambda)+2 \\ &= \lambda^2 - 5\lambda + 6 \\ &= (\lambda-2)(\lambda-3) \end{aligned}$$

となります。したがって、固有値 λ は

$$\lambda = 2, \quad \lambda = 3$$

と求まります。

$\lambda = 2$ の場合は、(6-3) 式に代入すると

$$\begin{pmatrix} 1-2 & 2 \\ -1 & 4-2 \end{pmatrix} \begin{pmatrix} x \\ y \end{pmatrix} = \begin{pmatrix} -1 & 2 \\ -1 & 2 \end{pmatrix} \begin{pmatrix} x \\ y \end{pmatrix} = \begin{pmatrix} 0 \\ 0 \end{pmatrix}$$

となり、1行目と2行目は同じ式

$$-x + 2y = 0$$

を表しています。この式を満たす x と y は無数にあるわけですが、とりあえず1つを選んで $x=1$ とすると $y = \dfrac{x}{2} = \dfrac{1}{2}$ になります。したがって、固有ベクトルの1つの解の組は、

$$\begin{pmatrix} x \\ y \end{pmatrix} = \begin{pmatrix} 1 \\ \dfrac{1}{2} \end{pmatrix}$$

となります。

次に、$\lambda = 3$ の場合は、(6-3) 式に代入すると

$$\begin{pmatrix} 1-3 & 2 \\ -1 & 4-3 \end{pmatrix} \begin{pmatrix} x \\ y \end{pmatrix} = \begin{pmatrix} -2 & 2 \\ -1 & 1 \end{pmatrix} \begin{pmatrix} x \\ y \end{pmatrix} = \begin{pmatrix} 0 \\ 0 \end{pmatrix}$$

となり、1行目と2行目は同じ式

$$-x+y=0$$

を表しています。この式を満たす x と y も、やはり無数にあるわけですが、とりあえず1つを選んで $x=1$ とすると $y=1$ になります。したがって、固有ベクトルの1つの組は、

$$\begin{pmatrix} x \\ y \end{pmatrix} = \begin{pmatrix} 1 \\ 1 \end{pmatrix}$$

となります。

　この2つの固有ベクトルが1次独立であることは、少し考えれば確かめることができます。この2つの固有ベクトルの1次結合を書くと次式のようになりますが、この数式を満たすのが

$$k \begin{pmatrix} 1 \\ \dfrac{1}{2} \end{pmatrix} + l \begin{pmatrix} 1 \\ 1 \end{pmatrix} = \begin{pmatrix} 0 \\ 0 \end{pmatrix} \tag{6-4}$$

$k=l=0$ 以外の場合にはないからです。よって、1次独立です。すぐ後で証明するように、「異なる固有値に属する固有ベクトルは1次独立である」という性質があります。これはその一例です。

■行列の対角化

　さて、(6-2) 式にこの2つの固有値とそれぞれの固有ベクトルを代入すると、

$$\begin{pmatrix} 1 & 2 \\ -1 & 4 \end{pmatrix} \begin{pmatrix} 1 \\ 1 \end{pmatrix} = 3 \begin{pmatrix} 1 \\ 1 \end{pmatrix}$$

$$\begin{pmatrix} 1 & 2 \\ -1 & 4 \end{pmatrix} \begin{pmatrix} 1 \\ \frac{1}{2} \end{pmatrix} = 2 \begin{pmatrix} 1 \\ \frac{1}{2} \end{pmatrix}$$

となります。この2つの式は、行列を使ってまとめて書くことができます。どうすればよいか思いつくでしょうか？答えは、次のような表記です。

$$\begin{pmatrix} 1 & 2 \\ -1 & 4 \end{pmatrix} \begin{pmatrix} 1 & 1 \\ 1 & \frac{1}{2} \end{pmatrix} = \begin{pmatrix} 1 & 1 \\ 1 & \frac{1}{2} \end{pmatrix} \begin{pmatrix} 3 & 0 \\ 0 & 2 \end{pmatrix} \qquad (6\text{-}5)$$

ここでは2つの固有ベクトル $\begin{pmatrix} 1 \\ 1 \end{pmatrix}$ と $\begin{pmatrix} 1 \\ \frac{1}{2} \end{pmatrix}$ を組み合わせた行列 **P** を新たに作っています。

$$\mathbf{P} \equiv \begin{pmatrix} 1 & 1 \\ 1 & \frac{1}{2} \end{pmatrix}$$

この **P** を使って (6-5) 式を書くと

$$\mathbf{AP} = \mathbf{P} \begin{pmatrix} 3 & 0 \\ 0 & 2 \end{pmatrix}$$

になります。

さらに、P の逆行列 P^{-1} を、両辺に左からかけると

$$P^{-1}AP = P^{-1}P\begin{pmatrix} 3 & 0 \\ 0 & 2 \end{pmatrix}$$

$$= E\begin{pmatrix} 3 & 0 \\ 0 & 2 \end{pmatrix}$$

$$= \begin{pmatrix} 3 & 0 \\ 0 & 2 \end{pmatrix}$$

となります。これは大変おもしろい形をしています。というのは、右側の対角行列には、固有値がそのまま残っているからです。これを**行列の対角化**と呼びます。つまり、ある正方行列 A に対して、適切に P を選べば、$P^{-1}AP$ は次式のように対角化され、固有値は λ_1 と λ_2 になるということが明らかになったのです。

$$P^{-1}AP = \begin{pmatrix} \lambda_1 & 0 \\ 0 & \lambda_2 \end{pmatrix}$$

■異なる固有値に属する固有ベクトルは1次独立である

先ほどの例では、(6-4) 式で見たように「異なる固有値に属する固有ベクトルは1次独立である」という関係が見られました。この関係はこの行列だけでなく、一般的に成立します。証明してみましょう。

2次の正方行列 A が異なる固有値 λ_1 と λ_2 を持ち、それぞれの固有ベクトルが a_1 と a_2 であるとします。このと

きは次式が成り立ちます。

$$\mathbf{A}\mathbf{a}_1 = \lambda_1 \mathbf{a}_1, \quad \mathbf{A}\mathbf{a}_2 = \lambda_2 \mathbf{a}_2 \qquad (6\text{-}6)$$

ここで仮に「$\mathbf{a}_1$ と $\mathbf{a}_2$ が1次従属である」と仮定しましょう。その場合には、

$$c_1 \mathbf{a}_1 + c_2 \mathbf{a}_2 = 0$$

となるゼロではない c_1 と c_2 が存在します。この式を変形すると

$$c_1 \mathbf{a}_1 = -c_2 \mathbf{a}_2 \qquad (6\text{-}7)$$

となります。この両辺に左から行列 $\mathbf{A}$ をかけると

$$c_1 \mathbf{A}\mathbf{a}_1 = -c_2 \mathbf{A}\mathbf{a}_2$$

となり、(6-6) 式の関係を使うと

$$c_1 \lambda_1 \mathbf{a}_1 = -c_2 \lambda_2 \mathbf{a}_2$$

となります。この右辺に (6-7) 式を使うと

$$= -c_2 \lambda_2 \left(-\frac{c_1}{c_2} \mathbf{a}_1 \right)$$

$$\therefore \quad c_1 \lambda_1 \mathbf{a}_1 = c_1 \lambda_2 \mathbf{a}_1$$

となります。固有値が異なるので、この式が成立するのは

$$c_1 = 0$$

の場合です。これは、「ゼロでないc_1が存在する」に矛盾します。ということは、「異なる固有値に属する固有ベクトルは1次従属である」という仮定が間違っていたということになります（つまり、異なる固有値に属する固有ベクトルは1次独立です）。これで証明終了です。

3次以上の正方行列についても同様にして「異なる固有値に属する固有ベクトルが1次独立である」ことを証明できます。

■行列の固有値が重解だった場合

前節では2つの固有値が異なる場合を考えました。ところが、固有値が同じ値をとることもありえます。このような解を**重解**と呼びます。この重解の場合を考えてみましょう。

(6-1) 式が成り立つとし、行列 $\mathbf{A}$ は次のような2行2列の正方行列であるとします。

$$\mathbf{A}=\begin{pmatrix} 1 & 4 \\ -1 & 5 \end{pmatrix}, \quad \mathbf{x}=\begin{pmatrix} x \\ y \end{pmatrix}$$

先ほどの (6-3) 式と同様にして式をまとめると

$$\begin{pmatrix} 1-\lambda & 4 \\ -1 & 5-\lambda \end{pmatrix}\begin{pmatrix} x \\ y \end{pmatrix}=\begin{pmatrix} 0 \\ 0 \end{pmatrix} \qquad (6\text{-}8)$$

となります。この式が自明でない解を持つための条件は、すでに見たように、この左辺の行列の行列式がゼロであることです。よってこの行列式を使って式を書くと、

$$0 = \begin{vmatrix} 1-\lambda & 4 \\ -1 & 5-\lambda \end{vmatrix}$$

となります。この λ を求めてみましょう。行列式を展開すると、

$$= (1-\lambda)(5-\lambda) + 4$$
$$= \lambda^2 - 6\lambda + 9$$
$$= (\lambda - 3)(\lambda - 3)$$

となります。したがって、2つの固有値 λ_1 と λ_2 は

$$\lambda_1 = 3, \quad \lambda_2 = 3$$

と求まります。つまり重解です。

$\lambda = 3$ を (6-8) 式に代入すると、

$$\begin{pmatrix} 1-3 & 4 \\ -1 & 5-3 \end{pmatrix} \begin{pmatrix} x \\ y \end{pmatrix} = \begin{pmatrix} -2 & 4 \\ -1 & 2 \end{pmatrix} \begin{pmatrix} x \\ y \end{pmatrix} = \begin{pmatrix} 0 \\ 0 \end{pmatrix}$$

となり、この1行目と2行目は同じ式

$$-x + 2y = 0 \qquad (6\text{-}9)$$

を表しています。この式を満たす x と y は無数にあるわけですが、とりあえず1つを選んで $x=1$ とすると $y = \dfrac{x}{2} = \dfrac{1}{2}$ になります。したがって、固有ベクトルの1つの組は、

$$\begin{pmatrix} x \\ y \end{pmatrix} = \begin{pmatrix} 1 \\ \dfrac{1}{2} \end{pmatrix}$$

となります。

　この重解の場合には、1次独立な列ベクトルを2つ得ることはできません。もう1つの固有値も $\lambda = 3$ なので、結果はやはり (6-9) 式になるからです。そこで (6-9) 式を満たすもう1つの固有ベクトルとしては、

$$\begin{pmatrix} x \\ y \end{pmatrix} = k \begin{pmatrix} 1 \\ \dfrac{1}{2} \end{pmatrix} \qquad \text{ただし、}k\text{ は実数}$$

をとることにします。

　固有値の定義の式 (6-1) 式に $\lambda = 3$ とこの2つの固有ベクトルを入れると、

$$\begin{pmatrix} 1 & 4 \\ -1 & 5 \end{pmatrix} \begin{pmatrix} 1 \\ \dfrac{1}{2} \end{pmatrix} = 3 \begin{pmatrix} 1 \\ \dfrac{1}{2} \end{pmatrix}$$

$$\begin{pmatrix} 1 & 4 \\ -1 & 5 \end{pmatrix} \begin{pmatrix} k \\ \dfrac{k}{2} \end{pmatrix} = 3 \begin{pmatrix} k \\ \dfrac{k}{2} \end{pmatrix}$$

となります。この2つの式を、行列を使ってまとめて書くと、

$$\begin{pmatrix} 1 & 4 \\ -1 & 5 \end{pmatrix} \begin{pmatrix} 1 & k \\ \dfrac{1}{2} & \dfrac{k}{2} \end{pmatrix} = \begin{pmatrix} 1 & k \\ \dfrac{1}{2} & \dfrac{k}{2} \end{pmatrix} \begin{pmatrix} 3 & 0 \\ 0 & 3 \end{pmatrix}$$

となります。さて行列 $\mathbf{P}$ を

$$\mathbf{P} \equiv \begin{pmatrix} 1 & k \\ \dfrac{1}{2} & \dfrac{k}{2} \end{pmatrix}$$

として、この逆行列を求めようとすると、$\mathbf{P}$ の行列式が

$$|\mathbf{P}| = \frac{k}{2} - \frac{k}{2} = 0$$

になることがわかります。つまり、$\mathbf{P}$ には逆行列が存在しないのです（$\mathbf{P}$ は正則行列ではない）。したがって、

「2次の正方行列が重解を持つ場合は、行列は対角化できない」

ということになります。

■3次の正方行列が重解を持つ場合

次に3次の正方行列が重解を持つ場合を見てみましょう。2次の場合と何か違いが出るでしょうか。例として次の行列を考えます。

$$\mathbf{A}=\begin{pmatrix} -2 & 3 & -3 \\ -2 & 3 & -2 \\ 2 & -2 & 3 \end{pmatrix}, \quad \mathbf{x}=\begin{pmatrix} x \\ y \\ z \end{pmatrix} \qquad (6\text{-}10)$$

先ほどと同様にして式をまとめると

$$\begin{pmatrix} -2-\lambda & 3 & -3 \\ -2 & 3-\lambda & -2 \\ 2 & -2 & 3-\lambda \end{pmatrix} \begin{pmatrix} x \\ y \\ z \end{pmatrix} = \begin{pmatrix} 0 \\ 0 \\ 0 \end{pmatrix} \qquad (6\text{-}11)$$

となります。自明でない解を持つ条件は行列式がゼロになることなので

$$\begin{aligned}
0 &= \begin{vmatrix} -2-\lambda & 3 & -3 \\ -2 & 3-\lambda & -2 \\ 2 & -2 & 3-\lambda \end{vmatrix} \\
&= (-2-\lambda)(3-\lambda)(3-\lambda) - 12 - 12 - 4(-2-\lambda) + 6(3-\lambda) + 6(3-\lambda) \\
&= (-2-\lambda)(3-\lambda)(3-\lambda) + 20 - 8\lambda \\
&= (-2-\lambda)(9-6\lambda+\lambda^2) + 20 - 8\lambda \\
&= -2(9-6\lambda+\lambda^2) - \lambda(9-6\lambda+\lambda^2) + 20 - 8\lambda \\
&= 2 - 5\lambda + 4\lambda^2 - \lambda^3
\end{aligned}$$

となります。ここから因数分解をします。試しに $\lambda=1$ を上式に代入するとゼロになるので、$\lambda-1$ で因数分解できることがわかります。よって、

$$=2(1-\lambda)-3\lambda+3\lambda^2+\lambda^2-\lambda^3$$
$$=2(1-\lambda)-3\lambda(1-\lambda)+\lambda^2(1-\lambda)$$
$$=(2-3\lambda+\lambda^2)(1-\lambda)$$
$$=(1-\lambda)(1-\lambda)(2-\lambda) \tag{6-12}$$

となるので、固有値

$$\lambda_1=1 \quad と \quad \lambda_2=2$$

が求まります。$\lambda_1=1$ はこの因数分解の結果からわかるように重解です。

それぞれの固有値の固有ベクトルを求めてみましょう。まず、$\lambda_2=2$ を (6-11) 式に入れると、

$$\begin{pmatrix} -4 & 3 & -3 \\ -2 & 1 & -2 \\ 2 & -2 & 1 \end{pmatrix} \begin{pmatrix} x \\ y \\ z \end{pmatrix} = \begin{pmatrix} 0 \\ 0 \\ 0 \end{pmatrix}$$

となります。この方程式を分解して書くと

$$\begin{cases} -4x+3y-3z=0 \\ -2x+y-2z=0 \\ 2x-2y+z=0 \end{cases}$$

となります。

この式をよく見ると、1式目と3式目を足すと2式目になることに気づきます。ということは、変数は3つありますが、意味のある式は次の2つしかないということになります。

第6章 固有値問題ってなに？

$$\begin{cases} -4x+3y-3z=0 \\ 2x-2y+z=0 \end{cases}$$

したがって、x, y, z については唯一の解はなく、多数の組み合わせの解があるということがわかります。式が2つで変数が3つなので解の自由度は1です。この2つの式から、変数の関係を求めると

$$x=\frac{3}{2}y, \quad y=-z$$

が求まります。この関係から固有ベクトルを求めましょう。x はどんな実数でもよいのですが、ここでは $x=3$ にしましょう。すると、この式から $y=2, z=-2$ となり、固有ベクトルは、

$$\begin{pmatrix} 3 \\ 2 \\ -2 \end{pmatrix}$$

となります。

次に、$\lambda_1=1$ の固有ベクトルを求めてみましょう。先ほどと同様に $\lambda_1=1$ を (6-11) 式に入れると、

$$\begin{pmatrix} -3 & 3 & -3 \\ -2 & 2 & -2 \\ 2 & -2 & 2 \end{pmatrix} \begin{pmatrix} x \\ y \\ z \end{pmatrix} = \begin{pmatrix} 0 \\ 0 \\ 0 \end{pmatrix}$$

となります。この式を書き直すと

$$\begin{cases} -3x+3y-3z=0 \\ -2x+2y-2z=0 \\ 2x-2y+2z=0 \end{cases}$$

となります。少し見るとわかるように、この3つの式は同じです。1式目を -3 で割り、2式目と3式目をそれぞれ -2 と 2 で割ると、3つとも同じく次の式になります。

$$x-y+z=0 \qquad (6\text{-}13)$$

したがって、固有ベクトルはこの式を満たすように選べばよいということになります。式が1つで変数は3つなので、解の自由度は2です。ここでは次のように解を選んでみましょう。

$x=1, \quad y=0, \quad z=-1$ と $x=1, \quad y=1, \quad z=0$

この2つの固有ベクトルは (6-13) 式を満たし、かつ1次独立であるように選びました。試しに

$$k\begin{pmatrix}1\\0\\-1\end{pmatrix}+l\begin{pmatrix}1\\1\\0\end{pmatrix}=\begin{pmatrix}0\\0\\0\end{pmatrix}$$

という式を考えると、$k=0$ かつ $l=0$ のときしかこの式が成立しないことがわかります(よって、1次独立です)。また、同様に考えると先ほど求めた固有値 $\lambda_2=2$ に属する固有ベクトルとも1次独立であることがわかります。

これで3つの1次独立な固有ベクトルが得られました。

この3つの固有ベクトルを組み合わせて行列 **P** を作ると、次のようになります。

$$\mathbf{P} = \begin{pmatrix} 1 & 1 & 3 \\ 0 & 1 & 2 \\ -1 & 0 & -2 \end{pmatrix}$$

この逆行列は、第4章の「ガウスの消去法」のエクセルファイルの3シートを使うとすぐに求まります。

$$\mathbf{P}^{-1} = \begin{pmatrix} 2 & -2 & 1 \\ 2 & -1 & 2 \\ -1 & 1 & -1 \end{pmatrix}$$

これが逆行列です。エクセルファイルの4シートの「3行3列 行列のかけ算2」を使って $\mathbf{P}^{-1}\mathbf{A}\mathbf{P}$ を計算すると、

$$\mathbf{P}^{-1}\mathbf{A}\mathbf{P} = \begin{pmatrix} 1 & 0 & 0 \\ 0 & 1 & 0 \\ 0 & 0 & 2 \end{pmatrix} \tag{6-14}$$

となり、対角化が成立していることが確認できます。

ここでは固有値の1つが重解であるため、「異なる固有値」は2つしかありませんでした。一方、1次独立な固有ベクトルは3つあり、このように対角化が可能でした。ということで、対角化が可能であるかどうかは、「1次独立な固有ベクトルが何個あるか」に依存していることがわかります。n 次の正方行列の場合、1次独立な固有ベクトル

が n 個あれば、重解があっても対角化できます。

■ **対角化が可能であるかどうかの見分け方**

2次の正方行列の場合は、重解になると、対角化できませんでした。一方、3次の正方行列の場合は、重解があっても対角化が可能でした。「n 次の正方行列では、1次独立な固有ベクトルが n 個あれば、重解があっても対角化できる」という例を前節で見ました。対角化が可能かどうかを見分ける基準は他にもあります。今からそれを見てみましょう。

先ほどの3次の正方行列の固有方程式は、(6-12) 式のように

$$(1-\lambda)(1-\lambda)(2-\lambda) = (1-\lambda)^2(2-\lambda)^1 = 0$$

という形に書けました。この2乗や1乗を **固有値の重複度**（あるいは、**代数的重複度**）と呼びます。この例では、固有値1の重複度は（2乗なので）2で、固有値2の重複度は（1乗なので）1です。

一方、ある固有値に属する1次独立な固有ベクトルの個数を、**固有空間の次元**（あるいは、**幾何的重複度**）と呼びます。前章で見たように1次独立なベクトルの個数と、その1次結合で表される空間の次元は同じでした。たとえば、1次独立なベクトルの個数が2個の場合は、その1次結合で表されるベクトルは、2次元の平面内にありました。また、1次独立なベクトルの個数が3個の場合は、その1次結合で表されるベクトルは、3次元の空間内にあり

ました。このように「1次独立な固有ベクトルの個数」と「固有空間の次元」は等しいのです。

行列が対角化できるかどうかは、この「固有値の重複度」と「固有空間の次元」が等しいかどうかで判別できます。次の関係

固有値の重複度＝固有空間の次元

が、行列 A のすべての固有値に対して成り立っているならば、対角化できます。一方、この関係が成り立たない固有値が存在するならば、対角化できないのです。

先ほどの実例の2次の正方行列では、1次独立な固有ベクトルは1つしかありませんでした。一方、固有値の重複度は2なのでこの2つは一致していません。このような場合は対角化できないのです。

一方、(6-10) 式の3次の正方行列では、固有値1の重複度は2であり、1次独立な固有ベクトルの数は2なので、両者は一致します。また、固有値2の重複度は1で、1次独立な固有ベクトルの個数は1なので、両者は一致します。ですから、対角化が可能なのです。

n 次の正方行列 A の対角化に関しては、この条件を含む次の3つの条件が等しいことが証明されています。証明は少し煩雑なので本書では割愛しますが、これらは互いに必要十分条件になっています。

(1) 正方行列 A は対角化できる。
(2) 各固有値の固有空間の次元＝各固有値の重複度

(3) n 次の正方行列 A の n 個の固有ベクトルは 1 次独立である。

■相似な行列

対角化された (6-14) 式の行列を

$$B \equiv P^{-1}AP$$

と書くことにします。このとき行列 A と B は**相似な行列である**と言います。

相似な行列には、おもしろい性質があります。それはこの 2 つの行列 A と B の固有値は一致するということです。たとえば、(6-10) 式の行列 A の固有値は、1 (重解) と 2 でした。行列 A と相似な行列である $P^{-1}AP$ の固有方程式を書いてみましょう。それは、

$$\begin{aligned}
0 &= |P^{-1}AP - \lambda E| \\
&= \begin{vmatrix} 1-\lambda & 0 & 0 \\ 0 & 1-\lambda & 0 \\ 0 & 0 & 2-\lambda \end{vmatrix} \\
&= (1-\lambda)(1-\lambda)(2-\lambda)
\end{aligned}$$

となり、同じく 1 (重解) と 2 が固有値であることがわかります。つまり、相似な行列の固有値は一致しています。

この関係は一般的な場合にも簡単に証明できるので、ここでやってみましょう。まず、行列 A の固有方程式は

$$0 = |A - \lambda E|$$

です。一方、相似な行列 $B \equiv P^{-1}AP$ の固有方程式は、

$$0 = |B - \lambda E|$$
$$= |P^{-1}AP - \lambda E|$$

$(E = P^{-1}P = P^{-1}EP$ なので$)$

$$= |P^{-1}AP - \lambda P^{-1}EP|$$

$(\lambda P^{-1}EP = P^{-1}\lambda EP$ なので$)$

$$= |P^{-1}(A - \lambda E)P|$$

となります。行列式のかけ算は (3-1) 式のように分解できるので、

$$= |P^{-1}||A - \lambda E||P|$$

となります。行列式はたんなる数式なので、交換則が成り立ちます。よって、かけ算の順番を変えても問題ありません。

$$= |A - \lambda E||P^{-1}||P|$$

ふたたび (3-1) 式を使うと

$$= |A - \lambda E||P^{-1}P|$$
$$= |A - \lambda E||E|$$

$(|E| = 1$ なので$)$

$$= |A - \lambda E|$$

となり、元の行列 A の固有方程式と一致します。ということで、「**相似な行列の固有値は同じ**」になります。

■相似な行列のさらにおもしろい性質

この相似な行列には、他にもおもしろい性質があります。それはトレースが一致するということです。トレースというのは、対角項の和のことでした。(6-10) 式の行列 $\mathbf{A}$ のトレースを計算してみると

$$\text{tr}\mathbf{A} = a_{11} + a_{22} + a_{33}$$
$$= -2 + 3 + 3$$
$$= 4$$

となります。一方、(6-14) 式の行列 $\mathbf{B}$ のトレースも

$$\text{tr}\mathbf{B} = 1 + 1 + 2$$
$$= 4$$

となり、同じです。少し狐にでもつままれたような感じですが、証明は次のようなものです。

まず、前節で相似な行列の固有方程式が同じであることを証明しました。したがって、

$$|\mathbf{A} - \lambda \mathbf{E}| = |\mathbf{B} - \lambda \mathbf{E}| \tag{6-15}$$

です。ここでは3次の正方行列を考えることにすると、右辺の $\mathbf{B}$ はすでに対角化されているので

$$|\mathbf{B} - \lambda \mathbf{E}| = \begin{vmatrix} b_{11} - \lambda & 0 & 0 \\ 0 & b_{22} - \lambda & 0 \\ 0 & 0 & b_{33} - \lambda \end{vmatrix}$$
$$= (b_{11} - \lambda)(b_{22} - \lambda)(b_{33} - \lambda)$$

となります。この右辺を展開すると

$$= (b_{11}b_{22} - b_{11}\lambda - b_{22}\lambda + \lambda^2)(b_{33} - \lambda)$$
$$= b_{11}b_{22}b_{33} - (b_{11}b_{33} + b_{22}b_{33} + b_{11}b_{22})\lambda + (b_{11} + b_{22} + b_{33})\lambda^2 - \lambda^3$$

となります。ここで λ^2 の項に注目すると、その係数がトレースになっていることに気づきます。よって、

$$= b_{11}b_{22}b_{33} - (b_{11}b_{33} + b_{22}b_{33} + b_{11}b_{22})\lambda + (\mathrm{tr}\mathbf{B})\lambda^2 - \lambda^3$$

となります。

さて、次に (6-15) 式の左辺について考えましょう。これは右辺よりやっかいそうです。なぜなら対角化されていないので、a_{12} や a_{21} を係数に含む項もからんでくるからです。しかし、サラスの方法を思い出してよく考えてみると、a_{12} や a_{21} を係数に含む項に λ^2 はかからないことに気づきます。実際に計算してみましょう。

$$|\mathbf{A} - \lambda\mathbf{E}| = \begin{vmatrix} a_{11} - \lambda & a_{12} & a_{13} \\ a_{21} & a_{22} - \lambda & a_{23} \\ a_{31} & a_{32} & a_{33} - \lambda \end{vmatrix}$$
$$= (a_{11} - \lambda)(a_{22} - \lambda)(a_{33} - \lambda) + a_{12}a_{23}a_{31} + a_{21}a_{32}a_{13}$$
$$- a_{12}a_{21}(a_{33} - \lambda) - a_{13}a_{31}(a_{22} - \lambda) - a_{23}a_{32}(a_{11} - \lambda)$$

ここで λ^2 を含む項は、$(a_{11} - \lambda)(a_{22} - \lambda)(a_{33} - \lambda)$ しかありません。そこで、これを展開すると、

$$(a_{11} - \lambda)(a_{22} - \lambda)(a_{33} - \lambda)$$
$$= a_{11}a_{22}a_{33} - (a_{11}a_{33} + a_{22}a_{33} + a_{11}a_{22})\lambda + (\mathrm{tr}\mathbf{A})\lambda^2 - \lambda^3$$

となります。(6-15) 式が成立するということは、λ^2を含む項も両辺で一致するということなので、

$$(\text{tr}\mathbf{A})\lambda^2 = (\text{tr}\mathbf{B})\lambda^2$$

となります。よって、

$$\text{tr}\mathbf{A} = \text{tr}\mathbf{B}$$

となります。

さて、本章では固有値問題と行列の対角化という、とても重要な関係をマスターしました。本章の結果をまとめておきましょう。

☆ 正方行列$\mathbf{A}$と列ベクトル$\mathbf{x}$に対して、$\mathbf{A}\mathbf{x}=\lambda\mathbf{x}$が成り立つとする。このとき$\lambda$を**固有値**、ベクトル$\mathbf{x}$を**固有ベクトル**と呼ぶ。

☆ $|\mathbf{A}-\lambda\mathbf{E}|=0$を**固有方程式(特性方程式)**と呼び、これを解いて固有値を求める。

☆ 固有ベクトルを$\mathbf{b}_1, \cdots, \mathbf{b}_n$とするとき、この固有ベクトルの組み合わせによって構成される行列

$$\mathbf{P} \equiv (\mathbf{b}_1 \ \cdots \ \mathbf{b}_n)$$

を使うと

第6章 固有値問題ってなに？

$$P^{-1}AP = \begin{pmatrix} \lambda_1 & 0 & 0 \\ 0 & \cdots & 0 \\ 0 & 0 & \lambda_n \end{pmatrix}$$

となるとき、これを**行列の対角化**と呼ぶ。

☆ **異なる固有値に属する固有ベクトルは1次独立。**

☆ n **次の正方行列の場合、1次独立な固有ベクトルが** n **個あれば、重解があっても対角化できる。**

☆ 次式の関係が成り立つ行列 A と B を**相似な行列**と呼ぶ。

$$B \equiv P^{-1}AP$$

この**相似な行列の固有値は同じ**であり、また、**相似な行列のトレースは等しくなる**（$\mathrm{tr}A = \mathrm{tr}B$）。

なお、行列の対角化はすべての行列で可能なわけではありません。対角化できない行列を対角化に近い形に持っていく手段として、ジョルダンの標準形と呼ばれる方法があります。関心のある方は専門書をご覧下さい。

次章では、実数の行列から複素数の行列の世界に踏み込みます。複素数の行列とは、いったいどのようなものなのでしょうか？

第7章

複素数を含む行列

■複素数とは

ここまで扱った行列では、実数だけを対象にしてきました。しかし、「数」には実数の他に**虚数**があります。また、虚数と実数の足し算で表される数を**複素数**と呼びます。行列でも、この複素数を扱う分野があります。たとえば、物理学の量子力学では常に複素数を扱います。そこで本章では、複素数を使った行列に取り組みましょう。複素数を取り込むことによって、行列の世界はどのような広がりを見せるのでしょうか。

ここでは、まず虚数についての理解から始めましょう。ある数を2乗したものを平方と呼び、平方のもとになった数を平方根と呼びます。例えば2を2乗（2×2）すると4になりますが、2の平方が4で、4の平方根が+2と-2です。ここまでは簡単です。

次に、数学の発展過程で-1の平方根を考える必要に迫られました。2乗して4になる数や、9になる数は簡単にわかりますが、2乗して-1になる数となると、どのようなものなのか直観的にはつかめない方がほとんどだと思います。実際、筆者も直観的には理解できません。もちろん、アラビア数字の中にそのような数字は存在しません。そこで-1の平方根には、アルファベットのiという文字を使うことにして、この数を虚数と呼ぶことになりました。英語では imaginary number（直訳すると、想像上の数）と呼びます。フランスのデカルト（1596～1650）によって名付けられました。任意の虚数は、このiのb（実数）倍なのでbiと書けます。そこで、iは**虚数単位**と呼

ばれます。i は、imaginary の頭文字から取ったものです（ただし、電気を使う学問分野では、電流を I や i で表すのが普通です。このため虚数単位を i で表すと、電流と混同する恐れがあります。そこで、虚数単位として i に似ている j も使われます）。式で書くと i と -1 の関係は

$$i \times i = -1$$
$$i = \sqrt{-1}$$

となります。一方、虚数以外のそれまで使われていた数は実数（real number：直訳すると、現実の数）と呼ばれるようになりました。

　虚数の発明（発見？）は、3次方程式の解法と関係があります。3次方程式を解く公式としてカルダーノ（1501〜1576：イタリア）の解法と呼ばれるものがあります。カルダーノの時代は、いくつもの数学の学派がありましたが、難易度の高い解法は門外不出でした。3次方程式の解法も秘密でした。この解法にカルダーノの名がついているのは、カルダーノがその解法を考えついたからではありません。実は、その解法を編み出したイタリアの数学者タルターリヤ（1499〜1557）から強引に聞き出して勝手に発表したからです。

　カルダーノの解法では、方程式によっては計算の途中で $\sqrt{-1}$ が出てくる場合があります。$\sqrt{-1}$ が出てきたところで計算をやめてしまうと答えは求められないのですが、そこでやめないで、続けて計算すると答えが正しく求まることがわかったのです。そうすると、この $\sqrt{-1}$ を数とし

て認める必要が生じます。当初はこの虚数の存在に懐疑的な数学者が多かったのですが、やがて虚数は役に立つ存在として受け入れられるようになりました。

虚数の存在を認めると、「数の概念」は実数から拡張されて、実数と虚数の両方で表されるということになります。そこで、この拡張した数を複素数と呼ぶことにしました。複素数は、実数 a と虚数 bi の和で表されます。式で書くと

$$a+bi$$

となります。

■複素数を座標に表示する方法

この複素数を、図示できるようにしたのが、19世紀最大の数学者といわれるガウス（1777〜1855：ドイツ）です。ガウスは横軸（この x 軸を実軸と呼びます）に実数をとり、縦軸（この y 軸を虚軸と呼びます）に虚数をとった**複素平面**（ガウス平面とも呼ばれる）を考え出しました。図7-1の複素平面においては、複素数 $a+bi$ は、x 軸（実軸）上の大きさが a で y 軸（虚軸）上の大きさが b である1つの点として表されます。

この複素数 $a+bi$ を、極座標で表すこともできます。**極座標表示**では、xy 平面上の座標 (x, y) ではなく、図7-1のように原点からの距離 r と実軸（x 軸）からの角度 θ（これを**偏角**と呼びます）で複素数を表します。なので、

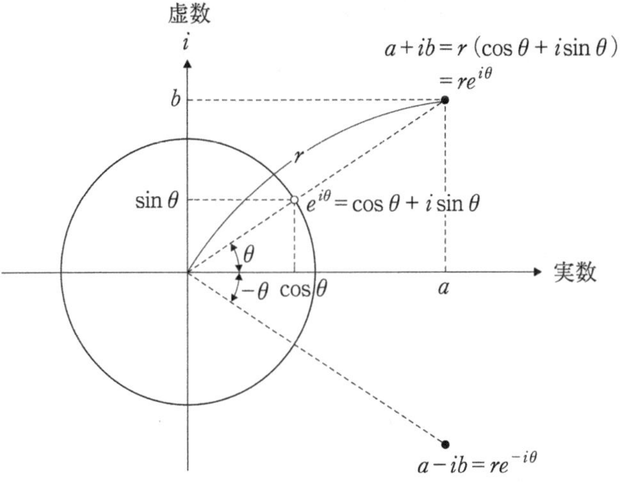

図7-1　複素平面とオイラーの公式

$$a+ib=r(\cos\theta+i\sin\theta)$$

となります。

複素数の絶対値の大きさは、この図の原点からの距離で表されます。複素数は $a+ib$ と表されますが、図の原点からの距離 r は $\sqrt{a^2+b^2}$ です。複素数 $a+ib$ から距離の2乗 a^2+b^2 を求めるには、$a+ib$ に $a-ib$ をかければよいことがわかります。

$$(a+ib)(a-ib)=a^2+b^2$$

この $a-ib$ を元の $a+ib$ の**複素共役**（あるいは共役複素数）と呼びます。複素共役の数は、図7-1のように、実

軸を対称軸とする線対称の位置にあります。偏角を使って表示すると、

$$a - ib = r(\cos\theta - i\sin\theta)$$
$$= r\{\cos(-\theta) + i\sin(-\theta)\}$$

となります。本書では、ある複素数 c の複素共役は $\bar{c}$ で表します。

■複素数＝複素数のとき複素共役も等号が成り立つ

複素数 $a+ib$ と $c+id$ において、次式のように等号が成り立っているとします。

$$a + ib = c + id \tag{7-1}$$

ただし、これらの a, b, c, d はすべて実数であるとします。この式を左辺にまとめると

$$(a-c) + i(b-d) = 0$$

となります。よって、この左辺が右辺のゼロと等しくなるには、

$$a = c \quad であり、かつ \quad b = d$$

であることがわかります。つまり、両者の実部と虚部がそれぞれ等しいことを意味しています。したがって、(7-1) 式が成り立つときには、この関係から

$$a - ib = c - id \tag{7-2}$$

第7章 複素数を含む行列

も成り立つことがわかります。つまり、ある複素数どうしが等しいときには、その複素共役どうしも等しいのです。

■複素数の内積とは

複素数を使った2行の列ベクトルを

$$\mathbf{a} = \begin{pmatrix} a_1 \\ a_2 \end{pmatrix} \quad \text{と} \quad \mathbf{b} = \begin{pmatrix} b_1 \\ b_2 \end{pmatrix}$$

とすると、その内積 $\mathbf{a} \cdot \mathbf{b}$ は、

$$\begin{aligned}
\mathbf{a} \cdot \mathbf{b} &= {}^t\mathbf{a}\overline{\mathbf{b}} \\
&= (a_1 \ a_2) \begin{pmatrix} \overline{b_1} \\ \overline{b_2} \end{pmatrix} \\
&= a_1 \overline{b_1} + a_2 \overline{b_2}
\end{aligned} \tag{7-3}$$

と定義されています。列ベクトル $\mathbf{a}$ は転置行列 ${}^t\mathbf{a}$（つまり行ベクトル）に変換し（転置行列は第3章に登場しました）、$\mathbf{b}$ はその成分の複素共役をとり $\overline{\mathbf{b}}$ に変えるというわけです。内積を表す記号としては、他に $(\mathbf{a}, \mathbf{b})$ も使われることがありますが、これは行ベクトルの表示とよく似ているので気をつけましょう（この表記は本書では使いません）。

実数を成分とするベクトルの場合、自分自身との内積は、ベクトルの長さ（大きさ）の2乗を表します。たとえば、

$$\begin{pmatrix} 3 \\ 2 \end{pmatrix}$$

というベクトルの場合、自分自身との内積は、

$$(3\ 2)\begin{pmatrix} 3 \\ 2 \end{pmatrix} = 9 + 4$$
$$= 13$$

で長さの2乗になっています。

これは、複素数の場合も同じです。たとえば、

$$\begin{pmatrix} 3 \\ 2i \end{pmatrix}$$

というベクトルの場合、自分自身との内積は先ほどの定義に従って

$$(3\ 2i)\begin{pmatrix} 3 \\ -2i \end{pmatrix} = 9 + 4$$
$$= 13$$

となります。この結果は図7-2でもわかるように長さの2乗になっています。$\begin{pmatrix} 3 \\ -2i \end{pmatrix}$が複素共役なので、長さになっているのです。

このように、「あるベクトルの自分自身との内積の平方根」は「大きさ」や「長さ」に対応していますが、これには**ノルム**という名前が付いています。記号では、ベクトル

第7章　複素数を含む行列

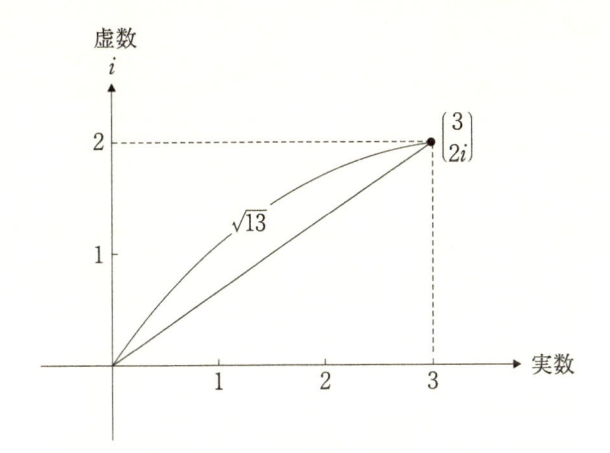

図7-2　複素ベクトルの長さ

$\mathbf{a}$ のノルムは、$\|\mathbf{a}\|$ と書き、次式で定義されています（$|\mathbf{a}|$ と書く場合もあります）。

$$\|\mathbf{a}\| \equiv \sqrt{\mathbf{a} \cdot \mathbf{a}} = \sqrt{{}^t\mathbf{a}\overline{\mathbf{a}}}$$

　この式を見ると、ノルムなどというわかりにくい用語を使わずに、日本語で「長さ」や「距離」という訳語をあてはめてしまえばよいのではないかと思います。しかし、話が少しおもしろいのは、このノルムは、1次元から3次元の空間だけでなく、4次元以上の空間のベクトルにも定義できることです。「4次元以上の空間の長さ」と聞いても筆者などにはピンときませんが、ノルムとは「4次元以上でも通用する長さ」なのです。

■共役転置行列

複素数を使う行列に**共役転置行列**というものがあります。それを見ていきましょう。すでに見た転置行列は、行と列を交換したものです。共役転置行列というのは、行列の転置行列をとり、さらに各成分を複素共役に変えたものです。たとえば、行列 $\mathbf{A}$

$$\mathbf{A} = \begin{pmatrix} 1 & 2+i \\ 3-i & 4 \end{pmatrix}$$

の転置行列は

$$\begin{pmatrix} 1 & 3-i \\ 2+i & 4 \end{pmatrix}$$

であり、さらにその成分を複素共役に変えると

$$\mathbf{A}^* = \begin{pmatrix} 1 & 3+i \\ 2-i & 4 \end{pmatrix}$$

となります。これが共役転置行列です。本書では、共役転置行列はこのように*を使って表します。$\mathbf{A}^*$は通常は「エースター」と読みます。$\mathbf{B}^*$なら、「ビースター」です。この共役転置行列を使って定義されている行列がいくつかあります。それを1つずつ紹介しましょう。

最初は、**正規行列**です。正規行列は次の式を満たす行列です。

$$\mathbf{A}\mathbf{A}^* = \mathbf{A}^*\mathbf{A} \tag{7-4}$$

このように「行列と共役転置行列のかけ算」で、「かけ算の交換法則」が成り立っています。なかなかおもしろい関係ですね。

この正規行列にさらに条件を1つ加えたものが、**ユニタリ行列**です。ユニタリ行列の定義は、

$$AA^* = A^*A = E \tag{7-5}$$

となっています。つまり、正規行列を定義する（7-4）式が、単位行列に等しくなるというものです。集合で考えると、ユニタリ行列は、図7-3のように正規行列に含まれるということになります。

ユニタリは英語で unitary で、直訳すると、「単位の」という意味になります。したがって、ユニタリ行列を直訳

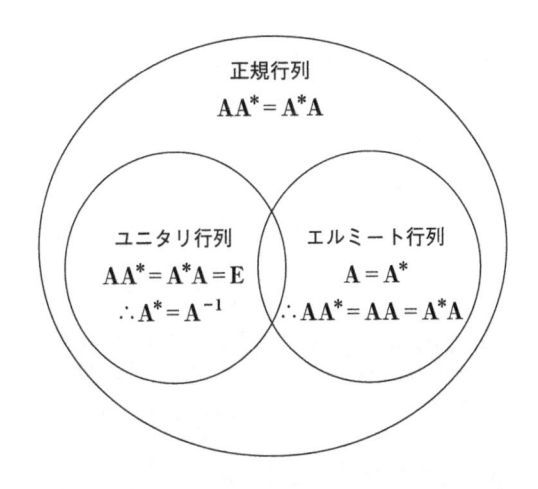

```
              正規行列
             AA* = A*A

    ユニタリ行列           エルミート行列
   AA* = A*A = E            A = A*
   ∴ A* = A⁻¹         ∴ AA* = AA = A*A
```

図7-3 正規行列とユニタリ行列とエルミート行列の関係

すると、「単位行列」になります。しかし、日本語では、行列 $\mathbf{E}$ を単位行列と呼ぶことがすでに決まっているので、こちらはカタカナでユニタリ行列と呼びます。ちなみに、単位行列は英語でidentity matrixで、直訳すると「同一行列」になります。

（7-5）式を、逆行列を表す（3-2）式と比べると、ユニタリ行列では、

$$\mathbf{A}^* = \mathbf{A}^{-1}$$

が成立していることがわかります。この式もユニタリ行列の重要な特徴です。

■エルミート行列

共役転置行列を使って定義される行列は他にもあります。それが**エルミート行列**です。この行列は次の式を満たすものです。

$$\mathbf{A} = \mathbf{A}^*$$

つまり、元の行列と共役転置行列が同じです。実例を挙げると

$$\begin{pmatrix} 1 & 2+i \\ 2-i & 3 \end{pmatrix} \quad \text{とか} \quad \begin{pmatrix} 1 & 2-i & 3+i \\ 2+i & 5 & 4+i \\ 3-i & 4-i & 6 \end{pmatrix}$$

です。エルミート行列では対角項は実数でなければならないことが少し考えればわかります。たとえば、対角項に次

第7章 複素数を含む行列

のように虚数があると、

$$\begin{pmatrix} 1 & 2+i \\ 2-i & 3+5i \end{pmatrix}$$

その共役転置行列は

$$\begin{pmatrix} 1 & 2+i \\ 2-i & 3-5i \end{pmatrix}$$

となり、元の行列とは一致しません。

エルミート行列は $\mathbf{A}=\mathbf{A}^*$ なので、

$$\mathbf{A}\mathbf{A}^* = \mathbf{A}^*\mathbf{A}$$

が成り立ちます。したがって、正規行列です。

先ほどの2行2列のエルミート行列の $\mathbf{A}\mathbf{A}^*$ を計算してみましょう。これは、

$$\begin{aligned}\mathbf{A}\mathbf{A}^* &= \begin{pmatrix} 1 & 2+i \\ 2-i & 3 \end{pmatrix}\begin{pmatrix} 1 & 2+i \\ 2-i & 3 \end{pmatrix} \\ &= \begin{pmatrix} 1+(2+i)(2-i) & 2+i+3(2+i) \\ 2-i+3(2-i) & (2-i)(2+i)+9 \end{pmatrix} = \begin{pmatrix} 6 & 8+4i \\ 8-4i & 14 \end{pmatrix}\end{aligned}$$

となります。このように、エルミート行列のかけ算は、エルミート行列になります。

エルミート行列であって同時にユニタリ行列でもある行列はないのでしょうか。実はあります。たとえば、次の行列がその一例です。

$$A = \frac{1}{\sqrt{3}} \begin{pmatrix} 1 & 1+i \\ 1-i & -1 \end{pmatrix}$$

この行列で AA^* を計算してみると

$$\frac{1}{\sqrt{3}} \begin{pmatrix} 1 & 1+i \\ 1-i & -1 \end{pmatrix} \times \frac{1}{\sqrt{3}} \begin{pmatrix} 1 & 1+i \\ 1-i & -1 \end{pmatrix} = \frac{1}{3} \begin{pmatrix} 3 & 0 \\ 0 & 3 \end{pmatrix} = \begin{pmatrix} 1 & 0 \\ 0 & 1 \end{pmatrix}$$

となり、単位行列になることがわかります。したがってこれはユニタリ行列です。

この3つの行列の関係が混乱しがちです。正規行列とユニタリ行列とエルミート行列の集合を図示した図7-3を再度眺めて、頭の中を整理しておきましょう。最も単純な覚え方は

正規行列　　　$AA^* = A^*A$
ユニタリ行列　$A^* = A^{-1}$
エルミート行列　$A^* = A$

の3つの式を覚えることです。

■エルミート

　エルミート行列に名を残したエルミート（1822〜1901）は、フランスの数学者で、右足が不自由でした。ナンシーで学んだ後、パリに出ました。日本の高校に相当する学校は、名門のルイ・ル・グラン校に進みました。ここでは、かつてガロア（1811〜1832）の教師だったリシャールに学びました。エルミートは自分が興味を持った内容しか真剣

に勉強しない学生でした。リシャールは生徒の能力を引き出す特殊な才能を持っていたようです。ガロアと同じように、エルミートはこの時期に2つの論文を発表しています。

エルミートは、エコール・ポリテクニクに入学するために1年間を費やしました。ガロアと違って、幸いにして入学できたものの

エルミート

順位は68位でした。入学試験の成績と数学の研究能力は必ずしも一致しないという一例です。エルミートは幾何学が嫌いで、あまり勉強しなかったとも言われています。

せっかく入学できた学校でしたが、1年後に学校はエルミートの勉学の継続を認めないという処置に出ました。理由は、杖をつかないと歩けないというエルミートの足の問題でした。エコール・ポリテクニクは軍に所属する学校なので、軍事教練もありました。知人たちがこの処置に憤慨して学校と交渉してくれた結果、学校は在学を認めたもののいくつかの制約を新たに設けました。それはエルミートに受け入れられる内容ではなく、結局転校を余儀なくされました。

エルミートが学位を得たのは5年後の1847年のことです。この5年間で、エルミートはドイツの数学者ヤコビ

（1804〜1851）らとの交流を深め、すでに一流の数学者として知られるようになっていました。1848年（26歳）にエルミートはかつて彼を追い出そうとしたエコール・ポリテクニクに職を得ました。その後、数々の業績をあげましたが、その1つにエルミート行列として名を残しています。有名な仕事の1つは、5次方程式が楕円関数を使えば解けることを示したことです。

エルミートは、1869年（47歳）でエコール・ポリテクニクとソルボンヌ大学（パリ大学）の両方の教授になりました。1876年（54歳）には、エコール・ポリテクニクの教授職を離れましたが、ソルボンヌ大学の教授は1897年（75歳）に彼が引退するまで続けました。フランスを代表する数学者として、絶えることなく数学への情熱の炎を燃やし続け、多くの優れた弟子を育てました。

■エルミート行列の固有値は必ず実数になる

本章で登場したエルミート行列は、物理学では量子力学で頻出します。ここではエルミート行列のおもしろい性質を見てみましょう。まず1つは、「固有値は必ず実数になる」というものです。この性質を証明してみましょう。

エルミート行列 $\mathbf{A}$ の固有値の1つを λ とします。式で書くと

$$\mathbf{A}\mathbf{x} = \lambda \mathbf{x}$$

です。わかりやすいように、2次の正方行列の場合を見ることにすると、

第7章　複素数を含む行列

$$\begin{pmatrix} a_{11} & a_{12} \\ a_{21} & a_{22} \end{pmatrix} \begin{pmatrix} x_1 \\ x_2 \end{pmatrix} = \lambda \begin{pmatrix} x_1 \\ x_2 \end{pmatrix} \qquad (7\text{-}6)$$

となります。行列やベクトルの成分 a_{ij} や x_i、それに固有値 λ はすべて複素数であると仮定します。左辺を計算すると

$$\begin{pmatrix} a_{11}x_1 + a_{12}x_2 \\ a_{21}x_1 + a_{22}x_2 \end{pmatrix} = \lambda \begin{pmatrix} x_1 \\ x_2 \end{pmatrix}$$

です。

次に、両辺それぞれにベクトル **x** との内積をとることにしましょう。ベクトル **x** とこの列ベクトルとの内積は、(7-3) 式のように、列ベクトルの複素共役をとり、ベクトル **x** を行ベクトルで表したものとのかけ算と定義されています。よって、左辺の内積を書くと

$$(x_1 \ x_2) \begin{pmatrix} \overline{a}_{11}\overline{x}_1 + \overline{a}_{12}\overline{x}_2 \\ \overline{a}_{21}\overline{x}_1 + \overline{a}_{22}\overline{x}_2 \end{pmatrix} = \overline{a}_{11}\overline{x}_1 x_1 + \overline{a}_{12}\overline{x}_2 x_1 + \overline{a}_{21}\overline{x}_1 x_2 + \overline{a}_{22}\overline{x}_2 x_2$$

となります。このときエルミート行列では、その性質から $a_{11} = \overline{a}_{11}, a_{22} = \overline{a}_{22}, a_{12} = \overline{a}_{21}, a_{21} = \overline{a}_{12}$ なので、

$$= a_{11}\overline{x}_1 x_1 + a_{21}\overline{x}_2 x_1 + a_{12}\overline{x}_1 x_2 + a_{22}\overline{x}_2 x_2$$
$$= (a_{11}x_1 + a_{12}x_2)\overline{x}_1 + (a_{21}x_1 + a_{22}x_2)\overline{x}_2$$

となります。このカッコの中はそれぞれ (7-6) 式から λx_1 と λx_2 に等しいので

$$= \lambda x_1 \overline{x_1} + \lambda x_2 \overline{x_2} \qquad (7\text{-}7)$$

となります。

一方、(7-6) 式の右辺は、

$$(右辺) = \begin{pmatrix} \lambda x_1 \\ \lambda x_2 \end{pmatrix}$$

なので **x** との内積をとると

$$(x_1 \ x_2) \begin{pmatrix} \overline{\lambda x_1} \\ \overline{\lambda x_2} \end{pmatrix} = \overline{\lambda}\overline{x_1} x_1 + \overline{\lambda}\overline{x_2} x_2$$

となります。これが先ほどの (7-7) 式と等しいことから

$$\lambda x_1 \overline{x_1} + \lambda x_2 \overline{x_2} = \overline{\lambda}\overline{x_1} x_1 + \overline{\lambda}\overline{x_2} x_2$$

となり、よって、

$$\lambda = \overline{\lambda} \qquad (7\text{-}8)$$

という結果が得られます。(7-8) 式のように、もとの数とその複素共役が等しくなるのは、実数である場合のみです。よって、エルミート行列の固有値が実数であることが証明できました。ここでは2次の正方行列で証明しましたが、同様にして n 次の正方行列でも証明できます。「固有値が実数であること」は、物理学では量子力学で重要な意味を持ちます。量子力学との関係は次章で見ていきましょう。

■エルミート行列の異なる固有値に属する固有ベクトルは直交する

エルミート行列には、他にもおもしろい性質があります。それは、エルミート行列の異なる固有値に属する固有ベクトルは直交するということです。この関係を見てみましょう。ただし、複素数を含む固有ベクトルを図示するのは容易ではないので、図に書いて直交を確認できるわけではありません。ベクトルどうしの内積がゼロであるかどうかが、直交を判定する基準です。

エルミート行列 $\mathbf{A}$ の異なる固有値を λ と μ とします（$\lambda \neq \mu$）。それぞれに属する固有ベクトルを $\mathbf{x}$ と $\mathbf{x}'$ とします。するとこの関係は、

$$\mathbf{A}\mathbf{x} = \lambda \mathbf{x} \tag{7-9}$$

$$\mathbf{A}\mathbf{x}' = \mu \mathbf{x}' \tag{7-10}$$

と書けます。もちろん、$\mathbf{x}$ と $\mathbf{x}'$ は成分がすべてゼロの列ベクトルではないとします。ここで、(7-9) 式と $\mathbf{x}'$ との内積を計算しましょう。これは次の式のように変形できます。わかりやすいように 2 次の正方行列で考えます。

$$\mathbf{A}\mathbf{x} \cdot \mathbf{x}' = \lambda \mathbf{x} \cdot \mathbf{x}'$$

この左辺は、

$$\mathbf{A}\mathbf{x}\cdot\mathbf{x}' = \left\{ \begin{pmatrix} a_{11} & a_{12} \\ a_{21} & a_{22} \end{pmatrix} \begin{pmatrix} x_1 \\ x_2 \end{pmatrix} \right\} \cdot \begin{pmatrix} x'_1 \\ x'_2 \end{pmatrix}$$

$$= (a_{11}x_1 + a_{12}x_2 \quad a_{21}x_1 + a_{22}x_2) \begin{pmatrix} \overline{x'}_1 \\ \overline{x'}_2 \end{pmatrix}$$

$$= a_{11}x_1\overline{x'}_1 + a_{12}x_2\overline{x'}_1 + a_{21}x_1\overline{x'}_2 + a_{22}x_2\overline{x'}_2$$

$$= x_1(a_{11}\overline{x'}_1 + a_{21}\overline{x'}_2) + x_2(a_{12}\overline{x'}_1 + a_{22}\overline{x'}_2)$$

となります。ここでエルミート行列の性質である

$$a_{11} = \overline{a}_{11},\ a_{21} = \overline{a}_{12},\ a_{12} = \overline{a}_{21},\ a_{22} = \overline{a}_{22}$$

を使うと、

$$= x_1(\overline{a}_{11}\overline{x'}_1 + \overline{a}_{12}\overline{x'}_2) + x_2(\overline{a}_{21}\overline{x'}_1 + \overline{a}_{22}\overline{x'}_2)$$

$$= (x_1\ x_2) \begin{pmatrix} \overline{a}_{11}\overline{x'}_1 + \overline{a}_{12}\overline{x'}_2 \\ \overline{a}_{21}\overline{x'}_1 + \overline{a}_{22}\overline{x'}_2 \end{pmatrix}$$

$$= \begin{pmatrix} x_1 \\ x_2 \end{pmatrix} \cdot \left\{ \begin{pmatrix} a_{11} & a_{12} \\ a_{21} & a_{22} \end{pmatrix} \begin{pmatrix} x'_1 \\ x'_2 \end{pmatrix} \right\} \quad \text{(7-10) 式を使うと}$$

$$= \begin{pmatrix} x_1 \\ x_2 \end{pmatrix} \cdot \mu \begin{pmatrix} x'_1 \\ x'_2 \end{pmatrix}$$

$$= \mathbf{x} \cdot \mu \mathbf{x}' \quad (\mu \text{ は定数倍するだけなので前へ移せます})$$

$$= \mu \mathbf{x} \cdot \mathbf{x}'$$

となります。まとめると

$$\lambda \mathbf{x} \cdot \mathbf{x}' = \mu \mathbf{x} \cdot \mathbf{x}'$$

となり、

$$(\lambda - \mu)\mathbf{x} \cdot \mathbf{x}' = 0$$

となります。$\lambda \neq \mu$ なので、$\mathbf{x} \cdot \mathbf{x}' = 0$ でなければならないことがわかります。つまり、直交します。これで「エルミート行列の異なる固有値に属する固有ベクトルは直交すること」が証明できました。これは3次以上のエルミート行列でも成立します。

なお、この関係はエルミート行列だけでなく、正規行列でも成立していて（証明は割愛しますが）、正規行列の相異なる固有値に属する固有ベクトルは直交します。図7-3で見るように、エルミート行列は正規行列に含まれています。

■エルミート行列はユニタリ行列を使って対角化できる

ここではエルミート行列の固有値や固有ベクトルの性質を議論してきましたが、これらを求めるには、前章で見たように行列の対角化が必要です。このエルミート行列の対角化では、証明は割愛しますが、

エルミート行列は、ユニタリ行列によって対角化できる

ということがわかっています。対角化したいエルミート行列を $\mathbf{A}$ とすると、あるユニタリ行列 $\mathbf{P}$ を使って、

$$\mathbf{A}' = \mathbf{P}^{-1}\mathbf{A}\mathbf{P} \qquad (7\text{-}11)$$

という変換を施すと対角化されるというわけです。これは量子力学において役に立つ関係なので覚えておくと便利で

す。

　さて本章では複素数を使って定義されている3つの行列、正規行列、ユニタリ行列、エルミート行列についての重要な知識を身につけました。ここまでで線形代数に関する基本的な知識を習得したことになります。これらの知識が線形代数を実際に使うにあたってみなさんを大いに助けることでしょう。また、さらに専門的な知識を学ぶ人たちにとってもしっかりした踏み台になることでしょう。次章では、線形代数が活躍する分野である量子力学との関わりをのぞいてみましょう。

　本章の結果をまとめておきましょう。

☆　**複素数**　　$a+ib$　　i は虚数単位

☆　**複素共役**　　$a+ib$ の複素共役は、$a-ib$

☆　複素数を成分に持つ列ベクトルを $\mathbf{a}=\begin{pmatrix}a_1\\a_2\end{pmatrix}$ と $\mathbf{b}=\begin{pmatrix}b_1\\b_2\end{pmatrix}$

　とすると、その**内積 $\mathbf{a}\cdot\mathbf{b}$** は、

第7章 複素数を含む行列

$$\mathbf{a}\cdot\mathbf{b} = {}^t\mathbf{a}\overline{\mathbf{b}}$$
$$= (a_1\ a_2)\begin{pmatrix}\overline{b}_1\\ \overline{b}_2\end{pmatrix}$$
$$= a_1\overline{b}_1 + a_2\overline{b}_2$$

☆ **ノルム**　ベクトル $\mathbf{a}$ のノルム $\|\mathbf{a}\|$ は、

$$\|\mathbf{a}\| \equiv \sqrt{\mathbf{a}\cdot\mathbf{a}} = \sqrt{{}^t\mathbf{a}\overline{\mathbf{a}}}$$

☆ **共役転置行列**

$$\mathbf{A} = \begin{pmatrix}a_{11} & a_{12}\\ a_{21} & a_{22}\end{pmatrix}\text{の共役転置行列は } \mathbf{A}^* = \begin{pmatrix}\overline{a}_{11} & \overline{a}_{21}\\ \overline{a}_{12} & \overline{a}_{22}\end{pmatrix}$$

☆ **正規行列**　　$\mathbf{A}\mathbf{A}^* = \mathbf{A}^*\mathbf{A}$

☆ **ユニタリ行列**　　$\mathbf{A}\mathbf{A}^* = \mathbf{A}^*\mathbf{A} = \mathbf{E},\ \mathbf{A}^* = \mathbf{A}^{-1}$

☆ **エルミート行列**　　$\mathbf{A} = \mathbf{A}^*$

☆ **エルミート行列はユニタリ行列によって対角化できる。**

☆ **エルミート行列の固有値は必ず実数になる。**

☆ **エルミート行列の異なる固有値に属する固有ベクトルは直交する。**

第9章

量子力学との関わり

■行列と量子力学

　行列が関わる分野は極めて幅広いのですが、物理学の分野でとりわけ行列と密接な関係を持つ分野があります。それは量子力学です。しかも、簡単なレベルの行列ではありません。たとえば、多くの量子力学の解説書では、早い段階で「エルミート演算子」と「エルミート行列」が登場します（拙著『高校数学でわかるシュレディンガー方程式』は例外です）。もちろん、線形代数の知識を持たずに、これらに遭遇すると、少なくない数の初学者がパニックに陥ることでしょう。本書の読者の中には、すでに量子力学を学び終えた学生や社会人もいらっしゃると思いますが、量子力学で遭遇した「エルミートなんとか」が、記憶の中でブラックボックスになっている方も少なくないでしょう。本章では、この量子力学とエルミート行列との関わりを見ていきます。

■シュレディンガー方程式

　量子力学では、電子を表すのに波動関数を使います。量子力学の世界では、電子は粒子であり、また同時に波でもあるというおもしろい性質を持っています。この"波"の性質を持つがゆえに、波動関数が使われるわけです。

　電子のエネルギーを求めるのに使われるのがシュレディンガー方程式です。シュレディンガー方程式は波動関数 ϕ（ファイ）に関する2次の微分方程式で次のような形をしています。

第8章 量子力学との関わり

$$\left(-\frac{\hbar^2}{2m}\frac{d^2}{dx^2}+V\right)\phi(x)=E\phi(x) \qquad (8\text{-}1)$$

ここで、m は電子の質量で、V はポテンシャルエネルギーであり、E は電子の全エネルギーです。この3つは、測定できる物理量でいずれも実数です。$\hbar$（エイチ・バーと読みます）はプランク定数 h を 2π で割った定数です。波動関数の変数は x のみです（シュレディンガー方程式に関心のある方は、拙著の『高校数学でわかるシュレディンガー方程式』をご覧下さい）。

このシュレディンガー方程式では、左辺の波動関数 $\phi(x)$ に

$$-\frac{\hbar^2}{2m}\frac{d^2}{dx^2}+V \qquad (8\text{-}2)$$

という演算（計算）を行うと、右辺のようにエネルギー E と波動関数 $\phi(x)$ のかけ算が求まります。この (8-2) 式を**演算子**と呼びます。演算子には他に運動量を求める運動量演算子などがありますが、特に (8-2) 式のものは、**ハミルトニアン**と呼ばれ、H で表されます。このハミルトニアンの第1項は運動エネルギーを求める演算子で、第2項はポテンシャルエネルギー（高校の物理では、位置エネルギーと呼びます）に対応しています。運動エネルギーとポテンシャルエネルギーを足すと全エネルギーになりますが、右辺の E はその全エネルギーです。つまり、ハミルトニアンは、「全エネルギーを求める演算子」です。

(8-1) 式をハミルトニアンを使って書くと

$$H\phi(x) = E\phi(x) \qquad (8\text{-}3)$$

となります。この式は、おもしろいことに行列を使った (6-1) 式 $\mathbf{Ax} = \lambda \mathbf{x}$ と極めてよく似ています。比べてみると (6-1) 式の行列 $\mathbf{A}$ が (8-3) 式の演算子 H に対応し、(6-1) 式の列ベクトル $\mathbf{x}$ が (8-3) 式の波動関数 ϕ に対応しています。右辺に、数(スカラー)が E と λ として出てくることも同じです。

このように類似性が極めて高いわけですが、実は、この (8-3) 式の右辺の数 E も固有値と呼びます。ここではエネルギーを表すので、**エネルギー固有値**とも呼ばれます。また、行列の固有値に対応する列ベクトルを固有ベクトルと呼びましたが、演算子の固有値に対応する関数 ϕ を**固有関数**と呼びます。共通点はさらに他にもあって、固有ベクトルに直交性があったように、固有関数にも直交性があります。ベクトルの直交性は内積がゼロになることでしたが、固有関数の場合の直交は、次式のようにかけ合わせて積分するとゼロになることです。

$$\int_{-\infty}^{\infty} \overline{\phi}_k \phi_m dx = 0 \qquad k \neq m \text{ の場合} \qquad (8\text{-}4)$$

ここで添え字の k や m は、少し後で見るように、波動関数のエネルギー状態を表します。波動関数が複素数の場合は、(8-4) 式のように複素共役とのかけ算の積分になることに注意しましょう。

このように、行列の固有値問題とシュレディンガー方程

■物理量の求め方

演算子が登場しましたが、演算子を使って運動量やエネルギーの値を求めるには、どうすればよいのでしょうか？量子力学を工学に応用して社会に役立たせるためには、物理量の数値が計算できなければ話になりません。(8-1) 式を使ってエネルギーを求めるには、実は、波動関数 ϕ の複素共役 $\overline{\phi}$ を左側からかけて、その積分をとればよいのです。やってみましょう。この式は、

$$\int_{-\infty}^{\infty}\overline{\phi}\left(-\frac{\hbar^2}{2m}\frac{d^2}{dx^2}+V\right)\phi dx=\int_{-\infty}^{\infty}\overline{\phi}E\phi dx \quad (8\text{-}5)$$

となります。

ここで、右辺の E はスカラーなので積分の外に出せます。すると

$$=E\int_{-\infty}^{\infty}\overline{\phi}\phi dx$$

となります。この $\int_{-\infty}^{\infty}\overline{\phi}\phi dx$ は、波動関数の振幅の2乗を表します。これがどのような物理量を表すかは物理学上の論争がありましたが、ボルン（1882～1970：ドイツ→イギリス）によって、この $\overline{\phi}\phi$ は、「ある場所 x に電子が存在する確率」を表すと解釈されるようになりました。x 座標の $-\infty$ から $+\infty$ までのすべての存在確率を足し合わせると、100％（＝電子1個）にならなければならないので、

これは1に等しくなければなりません。

$$\int_{-\infty}^{\infty} \overline{\phi}\phi dx = 1 \qquad (8\text{-}6)$$

これを波動関数の**規格化条件**と呼びます。したがって波動関数の規格化条件より

$$\int_{-\infty}^{\infty} \overline{\phi}\left(-\frac{\hbar^2}{2m}\frac{d^2}{dx^2}+V\right)\phi dx = E \qquad (8\text{-}7)$$

となります。すなわち、演算子を複素共役の波動関数ではさんで積分をとると、その物理量を求められます。

このようにして得られる物理量を**期待値**と呼びます。期待値は、(8-5) 式の右辺に見られるように位置 x が $-\infty$ から $+\infty$ まで変わる様々な場所での波動関数を使って物理量((8-5) 式ではエネルギー)を積分したもので、いわば平均値を表しています。

■ブラケット表示

(8-5) 式の左辺の積分をいちいち書くのは少々面倒です。1個、2個ならまだしも、長い計算の場合には手も疲れるし、書き写す際に間違える可能性もあります。そこでイギリスの物理学者のディラック (1902〜1984) がブラケット表示という簡略化した書き方を考えました。ブラケット表示では、(8-5) 式の左辺は

$$\left\langle \phi \left| -\frac{\hbar^2}{2m}\frac{d^2}{dx^2}+V \right| \phi \right\rangle$$

と書きます。真ん中に演算子を書き、右側に演算される波動関数を書き、左側にその演算結果にかける波動関数を書きます。積分記号は省略されていますが、(8-5) 式の左辺のように積分する必要があります。積分の中の左側の波動関数は複素共役であることに注意しましょう。

■シュレディンガー方程式の解の例

シュレディンガー方程式を満たす波動関数の形がどのようなものなのか、最も簡単な例を見てみましょう。それは電子の入るポテンシャルとして井戸の形をしたものを考える場合です。これを**井戸形ポテンシャル**と呼びます。シュレディンガー方程式では単に V と書きましたが、ポテンシャルの大きさは場所 x によって異なります。図8-1では井戸の中では $V=0$ であり、障壁（バリア）では $V=E_B$ です。

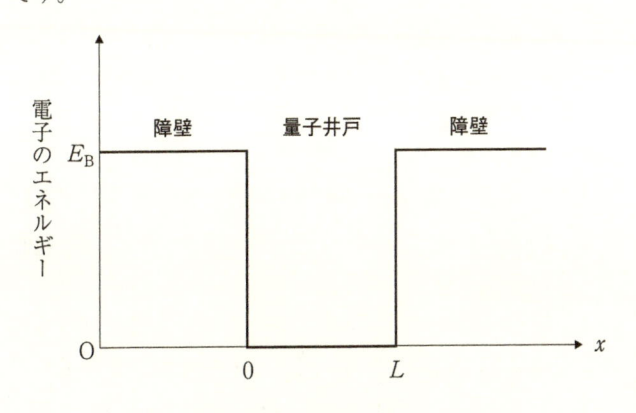

図 8-1　井戸形ポテンシャル

力学の分野でのポテンシャルとは、通常は重力による位置エネルギーを意味します。しかし、電子にとってのポテンシャルとしては、重力はあまり重要ではありません。というのは、電子はとても軽いので、電子に働く重力は小さいからです。それよりも電子は電荷を持っているので電気的な力（＝クーロン力）の方が大きく働きます。井戸形ポテンシャルを表す図8-1では、上の方ほど電子のエネルギーを高く書いています。クーロン力によるポテンシャルの場合、この図の中に仮にプラスの電荷があると、上に行くほどエネルギーが低くなるので注意が必要です。量子力学の世界ではこのようにマイナスの電荷を持つ電子を主人公にした図を描く場合が多いので注意しましょう。

　具体的な波の形を考えるために、ここでは量子井戸が無限に深いもの（$E_B=\infty$）を考えましょう。実は無限に深い井戸の方が簡単なのです。仮に壁の高さが無限でなければ、この壁の中にも電子の波は進入できます。これを**トンネル効果**と呼びます。私たちの日常の大きさの世界では見られない現象です。壁の高さが無限に深い場合は電子も壁の中に進入できなくなり、井戸の中だけに存在するようになります。電子の波は右の壁と左の壁に跳ね返されて井戸の中に閉じ込められます。この場合、井戸の中に安定に存在する波は**定在波**と呼ばれます。

　この定在波の教材として中学や高校でよく使われるものは弦の振動です。たとえば、ギターの弦を例にとってみましょう。ギターの弦を模式的に書くと、図8-2のようになっていて、指で押さえる位置を変えることによって振動す

る弦の長さが変わるようになっています。このとき、弦の両端は固定されているので振動できません。このような振動を**固定端での振動**と呼びます。両端が固定端であるとき、定常的に振動するのは、図8-2に書いてあるような波長の半分の長さ(半波長)の整数倍が、弦の長さ L に等しいサイン波だけです。これが定在波の条件です。

このギターの弦での定在波の関係が、そのまま量子井戸と電子波の定在波の関係で成立します。無限に深い量子井戸中で安定に存在するいちばん波長の長い波動関数は、波

$\lambda_3 = \dfrac{2}{3}L$

$\lambda_2 = L$

$\lambda_1 = 2L$

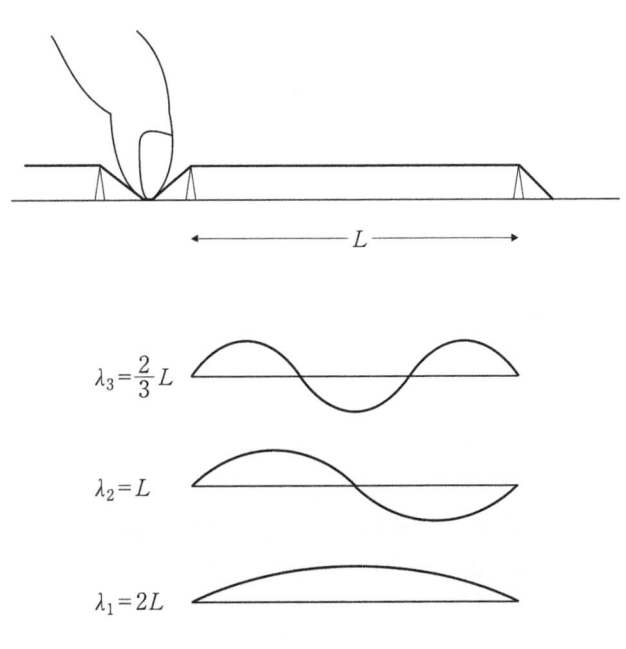

図 8-2 ギターの弦の定在波

長 λ の半分の長さが井戸幅 L に等しいものになります（図8-2のいちばん下の図）。

その次にエネルギーの高い波は、波長 λ が井戸幅 L に等しいものです（図8-2の下から2番目の図）。以下、同様で

$$n\frac{\lambda}{2}=L \quad (ここで n は正の整数)$$

の関係が成り立つ電子の波が解になります。つまり、音と電子はどちらも波であり、スケール（大きさ）こそ違うものの、同じ原理が成り立ち、電子の波も定在波として壁の間に閉じ込められるというわけです。この式を書き換えると、

$$\lambda_n=\frac{2L}{n} \quad (n は正の整数)$$

となります（図8-2の波に対応しています）。

波長 λ のサイン波は、

$$\sin\left(\frac{2\pi x}{\lambda}\right)$$

で表されます。ためしに、$x=0$ と $x=\lambda$ を代入するとゼロになることが確認できます。ゼロになるところが、波の節です。

井戸の中の波動関数 ϕ_n は、このサイン波の λ を λ_n で置き換えたものなので、

第8章 量子力学との関わり

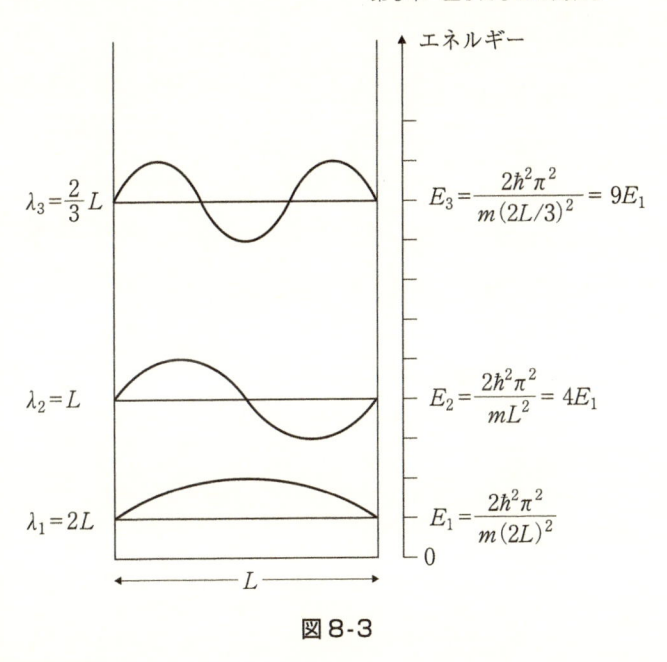

$\lambda_3 = \dfrac{2}{3}L$ $\qquad E_3 = \dfrac{2\hbar^2\pi^2}{m(2L/3)^2} = 9E_1$

$\lambda_2 = L$ $\qquad E_2 = \dfrac{2\hbar^2\pi^2}{mL^2} = 4E_1$

$\lambda_1 = 2L$ $\qquad E_1 = \dfrac{2\hbar^2\pi^2}{m(2L)^2}$

図8-3

$$\phi_n = A \sin\left(\dfrac{2\pi x}{\lambda_n}\right) = A \sin\left(\dfrac{n\pi x}{L}\right) \qquad (8\text{-}8)$$

と表されます（Aは振幅で、このすぐ後に述べるように規格化条件を満たすように決めます）。図8-3のように左側の井戸の壁がx軸の原点（$x=0$）で、右側の壁で$x=L$です。ここでnは正の整数で$n=1$が最も波長の長い波動関数です。この式以外の場合は、跳ね返った波を重ね合わせると、お互いに打ち消し合って消えてしまいます。

■規格化条件

波動関数の基本的な形はこのようにサイン波で表されますが、波動関数はさらに次の規格化条件を満たす必要があります。

$$\int_0^L \phi_n \cdot \phi_n dx = 1 \tag{8-9}$$

(8-6) 式の規格化条件と積分範囲が異なっているのは、波動関数が存在するのは井戸の中だけなので、積分する範囲は $x=0$ から $x=L$ までで十分だからです。また、ϕ_n はサインで表される実数の関数なので複素共役は元の ϕ_n と同じです。

この規格化条件を満たす係数 A を求めましょう。(8-9) 式に (8-8) 式を代入します。

$$1 = \int_0^L \phi_n \cdot \phi_n dx$$

$$= \int_0^L A^2 \sin^2\left(\frac{n\pi x}{L}\right) dx$$

この積分を求めるために、三角関数の倍角の公式

$$\cos 2\theta = 1 - 2\sin^2\theta$$

を使います。すると

$$\int_0^L A^2 \sin^2\left(\frac{n\pi x}{L}\right)dx = \frac{A^2}{2}\int_0^L \left(1-\cos\frac{2n\pi x}{L}\right)dx$$

$$=\frac{A^2}{2}\left([x]_0^L - \left[\frac{L}{2n\pi}\sin\frac{2n\pi x}{L}\right]_0^L\right)$$

$$=\frac{A^2}{2}\left(L-0-\frac{L}{2n\pi}\sin 2n\pi + \frac{L}{2n\pi}\sin 0\right) \quad (8\text{-}10)$$

となります。ここでは、コサインの積分はサインであるという公式

$$\int \cos ax\, dx = \frac{1}{a}\sin ax + C$$

を使いました。さて、

$$\sin 2n\pi = 0 \qquad n \text{ は整数}$$

なので、(8-10) 式の右辺のカッコの中は、第1項を除いてすべてゼロになります。よって、規格化条件は

$$1 = \int_0^L \phi_n \cdot \phi_n\, dx$$

$$= \frac{A^2}{2}L$$

となり、

$$A = \sqrt{\frac{2}{L}}$$

となります。これから、規格化された波動関数は、

$$\phi_n = \sqrt{\frac{2}{L}} \sin\left(\frac{n\pi x}{L}\right) \quad (n=1, 2, 3, \cdots) \quad (8\text{-}11)$$

となります。

■電子のエネルギーを求める

次に、この定在波が成り立つときの電子のエネルギーを求めてみましょう。これも簡単です。(8-1) 式のシュレディンガー方程式に (8-11) 式の波動関数を代入するとエネルギーが求まります。井戸の中では、ポテンシャル $V=0$ とおいたので、運動エネルギーの項のみが残り、シュレディンガー方程式は次のようになります。

$$-\frac{\hbar^2}{2m}\frac{d^2}{dx^2}\sqrt{\frac{2}{L}}\sin\left(\frac{n\pi x}{L}\right) = E_n \sqrt{\frac{2}{L}}\sin\left(\frac{n\pi x}{L}\right)$$

この式の左辺の微分を計算すると

$$(\text{左辺}) = \frac{\hbar^2}{2m}\sqrt{\frac{2}{L}}\left(\frac{n\pi}{L}\right)^2 \sin\left(\frac{n\pi x}{L}\right)$$

となるので、これが右辺と等しいことから

$$E_n = \frac{\hbar^2}{2m}\left(\frac{n\pi}{L}\right)^2$$

となります。いちばん下の定在波のエネルギー（$n=1$ の場合：図8-3のいちばん下）を E_1 とすると、

$$E_1 = \frac{\hbar^2}{2m}\left(\frac{\pi}{L}\right)^2$$

なので、

$$E_n = n^2 E_1$$

となります。n の 2 乗が E_1 にかかっているので、図8-3 のように 2 番目の定在波（$n=2$）のエネルギーは E_1 の 4 倍になり、3 番目の定在波（$n=3$）のエネルギーは E_1 の 9 倍になります。このときエネルギーはとびとびの値をとりますが、とびとびの値をとることを**量子化**と言います。

これらの定在波の条件が成立し電子が安定に存在するところは**準位**と呼びます。特にいちばんエネルギーの低い準位は、いちばん底にあるので**基底準位**と呼ばれます。また、n の値によって、それぞれの電子の波の量子状態が変わるので、この n を**量子数**と呼びます。

■エルミート演算子

演算子を使った物理量の求め方がわかりました。前章で、エルミート行列が登場しましたが、演算子にもエルミートの名前が付いた**エルミート演算子**があります。あるエルミート演算子を記号 A で表すことにすると、その特徴は

$$\int_{-\infty}^{\infty} \overline{\phi}_k A \phi_m dx = \int_{-\infty}^{\infty} \phi_m \overline{A}\, \overline{\phi}_k dx$$

$$= \overline{\int_{-\infty}^{\infty} \overline{\phi}_m A \phi_k dx} \quad (8\text{-}12)$$

という式で書けることです。右辺では波動関数 ϕ_k と ϕ_m を交換してさらにその複素共役をとっています。ブラケット表示で書くと

$$\langle \phi_k | A | \phi_m \rangle = \overline{\langle \phi_m | A | \phi_k \rangle} \quad (8\text{-}13)$$

です。

　エルミート演算子の代表例は運動量演算子です。運動量演算子は、

$$\frac{\hbar}{i} \frac{d}{dx}$$

というもので、x で微分して $\frac{\hbar}{i}$ をかけるというものです。実際に最も簡単な波動関数(平面波と呼びます)

$$e^{ikx} \quad \text{ここで} \quad k \equiv \frac{2\pi}{\lambda} \text{ は波数 (λ は波長)}$$

に演算してみると

第8章　量子力学との関わり

$$\frac{\hbar}{i}\frac{d}{dx}e^{ikx} = \hbar k e^{ikx}$$
$$= p e^{ikx}$$

となります。量子力学では、運動量は波数 k を使って $p = \hbar k$ と書けるのでこのように右辺に運動量が出てきます。

この運動量演算子がエルミート演算子であるかどうか、確かめてみましょう。ここでは直交化されている波動関数 ϕ_k, ϕ_m について考えます。

$$\left\langle \phi_k \left| \frac{\hbar}{i}\frac{d}{dx} \right| \phi_m \right\rangle = \int_{-\infty}^{\infty} \overline{\phi}_k \frac{\hbar}{i}\frac{d}{dx}\phi_m dx$$

ここで部分積分の公式を使うと

$$= \frac{\hbar}{i}\left[\overline{\phi}_k \phi_m\right]_{-\infty}^{\infty} - \frac{\hbar}{i}\int_{-\infty}^{\infty}\phi_m \frac{d}{dx}\overline{\phi}_k dx$$

となります。波動関数は無限遠でゼロに収束するので（無限遠でゼロにならない場合は、規格化条件の積分が発散して1にならなくなります）、第1項はゼロになります。よって、

$$= -\frac{\hbar}{i}\int_{-\infty}^{\infty}\phi_m \frac{d}{dx}\overline{\phi_k}dx \quad \text{(右辺を複素共役で書くと)}$$

$$= \overline{\frac{\hbar}{i}\int_{-\infty}^{\infty}\overline{\phi}_m \frac{d}{dx}\phi_k dx}$$

$$= \overline{\left\langle \phi_m \left| \frac{\hbar}{i}\frac{d}{dx} \right| \phi_k \right\rangle}$$

となり、(8-13) 式が成立していることからエルミート演算子であることがわかります。同様に計算すると、ハミルトニアンもエルミート演算子であることがわかります。

ハミルトニアンは、これを使うとエネルギーが求まることから、運動量演算子とともに極めて重要です。量子力学でよく使われるこの2つの演算子が、エルミート演算子であるということはとても興味深いことです。実は、このあと見るようにエルミート演算子には、「その固有値が実数になる」という重要な性質があります。実験で実際に測定できる物理量は、虚数ではなく実数だけです。したがって、「エルミート演算子であること」は、「実験で観測できる物理量の演算子であること」を意味します。

■エルミート演算子の固有値は実数である

「エルミート演算子の固有値は実数になる」と言いましたが、それを証明してみましょう。まず、ある演算子 A がエルミート演算子であるとします。また、この演算子に対応する固有値と固有関数を λ_m と ϕ_m とします。このとき、次の関係が成り立ちます。

第8章 量子力学との関わり

$$A\phi_m = \lambda_m \phi_m \tag{8-14}$$

ある複素数において (8-14) 式の関係が成り立つときには、(7-1) 式と (7-2) 式で見たように、その複素共役でも等式が成り立ちます。よって

$$\overline{A}\,\overline{\phi}_m = \overline{\lambda}_m \overline{\phi}_m \tag{8-15}$$

も成り立ちます。(8-14) 式に $\overline{\phi}_m$ をかけて積分をとり、(8-15) 式に ϕ_m をかけて積分をとります。すると、それぞれ、

$$\begin{aligned}\int_{-\infty}^{\infty}\overline{\phi}_m A\phi_m dx &= \int_{-\infty}^{\infty}\overline{\phi}_m \lambda_m \phi_m dx \\ &= \lambda_m \int_{-\infty}^{\infty}\overline{\phi}_m \phi_m dx\end{aligned} \tag{8-16}$$

と

$$\begin{aligned}\int_{-\infty}^{\infty}\phi_m \overline{A}\,\overline{\phi}_m dx &= \int_{-\infty}^{\infty}\phi_m \overline{\lambda}_m \overline{\phi}_m dx \\ &= \overline{\lambda}_m \int_{-\infty}^{\infty}\phi_m \overline{\phi}_m dx\end{aligned} \tag{8-17}$$

となります。

ここで A はエルミート演算子なので (8-12) 式のように

$$\int_{-\infty}^{\infty}\overline{\phi}_m A\phi_m dx = \int_{-\infty}^{\infty}\phi_m \overline{A}\,\overline{\phi}_m dx$$

が成り立ちます。つまり、(8-16) 式と (8-17) 式の左辺

は等しいのです。よって、それぞれの右辺が等しいので

$$\lambda_m \int_{-\infty}^{\infty} \overline{\phi}_m \phi_m dx = \overline{\lambda}_m \int_{-\infty}^{\infty} \phi_m \overline{\phi}_m dx$$

が成立します。このとき、

$$\int_{-\infty}^{\infty} \overline{\phi}_m \phi_m dx = \int_{-\infty}^{\infty} \phi_m \overline{\phi}_m dx$$

なので、

$$\lambda_m = \overline{\lambda}_m$$

となり、これが成立するのは λ_m が実数の場合のみです。つまり、エルミート演算子の固有値は必ず実数になります。

逆に、固有値が実数の場合は、必ず演算子がエルミート演算子になることも証明できます。固有値が実数であれば、$\lambda_m = \overline{\lambda}_m$ なので、(8-15) 式は

$$\overline{A}\,\overline{\phi}_m = \lambda_m \overline{\phi}_m$$

となります。よって、先ほどと同じように計算すると (8-17) 式は

$$\int_{-\infty}^{\infty} \phi_m \overline{A}\,\overline{\phi}_m dx = \lambda_m \int_{-\infty}^{\infty} \phi_m \overline{\phi}_m dx \qquad (8\text{-}18)$$

となります。また、(8-16) 式も成り立つので、(8-16) 式と (8-18) 式の右辺が等しいことから、その左辺も等しい

ことがわかり、

$$\int_{-\infty}^{\infty} \overline{\phi}_m A \phi_m dx = \int_{-\infty}^{\infty} \phi_m \overline{A}\, \overline{\phi}_m dx$$

となります。この式は A がエルミート演算子であることを表しています。ということで、固有値が実数の場合、その演算子は必ずエルミート演算子になります。この「エルミート演算子の固有値が実数になる」という関係は「エルミート行列の固有値が必ず実数になる」という関係と極めてよく似ています。

■エルミート演算子の異なる固有値の固有関数は直交する

エルミート演算子にはさらにエルミート行列と似ているところがあります。それは、「エルミート演算子の異なる固有値の固有関数は直交する」ということです。なにかデジャビュのような気がすると思います。前章の「エルミート行列の異なる固有値に属する固有ベクトルは直交する」とほとんど同じなのですが、これも証明してみましょう。

まず、エルミート演算子 A に属する異なる固有値を λ_m と λ_k とし、それぞれの固有関数を ϕ_m と ϕ_k とします。式で書くと、

$$A\phi_m = \lambda_m \phi_m \qquad (8\text{-}19)$$

と

$$A\phi_k = \lambda_k \phi_k \qquad (8\text{-}20)$$

です。このうち、(8-20) 式の複素共役をとることにしましょう。すると、

$$\overline{A\,\phi_k} = \overline{\lambda_k \phi_k}$$
$$= \lambda_k \overline{\phi_k} \qquad (8\text{-}21)$$

となります（エルミート演算子の固有値は実数です）。(8-19) 式と (8-21) 式のそれぞれに波動関数 $\overline{\phi}_k$ と ϕ_m をかけて積分してみましょう。

$$\int_{-\infty}^{\infty} \overline{\phi}_k A \phi_m dx = \int_{-\infty}^{\infty} \overline{\phi}_k \lambda_m \phi_m dx$$
$$= \lambda_m \int_{-\infty}^{\infty} \overline{\phi}_k \phi_m dx$$

と、

$$\int_{-\infty}^{\infty} \phi_m \overline{A\,\phi_k} dx = \int_{-\infty}^{\infty} \phi_m \lambda_k \overline{\phi}_k dx$$
$$= \lambda_k \int_{-\infty}^{\infty} \overline{\phi}_k \phi_m dx$$

となります。この両式の左辺はエルミート演算子の積分なので (8-12) 式のように同じです。よって、それぞれの右辺が等しいので、

$$\lambda_m \int_{-\infty}^{\infty} \overline{\phi}_k \phi_m dx = \lambda_k \int_{-\infty}^{\infty} \overline{\phi}_k \phi_m dx$$

となります。右辺の項を左辺に移すと、

$$(\lambda_m - \lambda_k)\int_{-\infty}^{\infty}\overline{\phi}_k\phi_m dx = 0$$

となります。固有値は異なり $\lambda_m \neq \lambda_k$ なので、

$$\int_{-\infty}^{\infty}\overline{\phi}_k\phi_m dx = 0$$

が得られます。このように、波動関数が直交することがわかります。

■演算子の行列表現

エルミート演算子についての理解を深めました。ここで、あるエルミート演算子 A に関する次のような行列を考えることにしましょう。また、演算子 A に属する固有関数を $\phi_n(n=0, 1, 2, \cdots)$ とします。

$$\begin{pmatrix} \langle\phi_0|A|\phi_0\rangle & \langle\phi_0|A|\phi_1\rangle & \cdots & \langle\phi_0|A|\phi_n\rangle \\ \langle\phi_1|A|\phi_0\rangle & \langle\phi_1|A|\phi_1\rangle & \cdots & \langle\phi_1|A|\phi_n\rangle \\ \cdots & \cdots & \cdots & \cdots \\ \langle\phi_n|A|\phi_0\rangle & \langle\phi_n|A|\phi_1\rangle & \cdots & \langle\phi_n|A|\phi_n\rangle \end{pmatrix}$$

ϕ がたくさん並んでいて、混乱するかもしれませんが、ϕ の添え字が各行と各列で変化しています。エルミート演算子をこのように波動関数で挟んだ行列を**演算子の行列表現**と呼びます。

この演算子がハミルトニアンである場合を考えてみましょう。ここで ϕ_n は次式の関係を満たす固有関数であると

します。

$$H\phi_n = E_n\phi_n$$

ここで E_n はエネルギー固有値です。

対角項は、次式のようにエネルギー固有値を与えます。

$$\begin{aligned}\langle \phi_n | H | \phi_n \rangle &= \int_{-\infty}^{\infty} \overline{\phi}_n H \phi_n dx \\ &= \int_{-\infty}^{\infty} \overline{\phi}_n E_n \phi_n dx \\ &= E_n \int_{-\infty}^{\infty} \overline{\phi}_n \phi_n dx \\ &= E_n \end{aligned}$$

ですから、対角項は残ります。一方、$n \neq m$ の非対角項は、波動関数の直交性によって次式のようにゼロになります。

$$\begin{aligned}\int_{-\infty}^{\infty} \overline{\phi}_n H \phi_m dx &= \int_{-\infty}^{\infty} \overline{\phi}_n E_m \phi_m dx \\ &= E_m \int_{-\infty}^{\infty} \overline{\phi}_n \phi_m dx \\ &= 0 \end{aligned}$$

というわけで、ハミルトニアンの行列表現は、次式のようにエネルギー固有値を与える対角項だけが残る対角行列になります。

$$\begin{pmatrix} \langle \phi_0|H|\phi_0\rangle & \langle \phi_0|H|\phi_1\rangle & \cdots & \langle \phi_0|H|\phi_n\rangle \\ \langle \phi_1|H|\phi_0\rangle & \langle \phi_1|H|\phi_1\rangle & \cdots & \langle \phi_1|H|\phi_n\rangle \\ \cdots & \cdots & \cdots & \cdots \\ \langle \phi_n|H|\phi_0\rangle & \langle \phi_n|H|\phi_1\rangle & \cdots & \langle \phi_n|H|\phi_n\rangle \end{pmatrix}$$

$$= \begin{pmatrix} E_0 & 0 & \cdots & 0 \\ 0 & E_1 & \cdots & 0 \\ \cdots & \cdots & \cdots & \cdots \\ 0 & 0 & \cdots & E_n \end{pmatrix} \qquad (8\text{-}22)$$

これはまた、逆に言うとハミルトニアンの行列表現が対角行列になった場合は、固有関数が正しく求められていることを意味します。

■エルミート行列へ

ハミルトニアンや運動量演算子のようなエルミート演算子では、(8-12) 式の関係が成立しています。この関係は演算子の行列表現の各成分で成り立ちます。したがって、これはエルミート行列であることを意味します。つまり、ここで量子力学とエルミート行列は結びついたのです。エルミート行列であることは、すでに見たようにその固有値が必ず実数になることを表しています。つまり測定できる物理量に対応しています。

あるハミルトニアンと、直交化した関数 $\phi_0, \phi_1, \cdots, \phi_n$ を使って、そのハミルトニアンの行列表現を計算すると、(8-22) 式の右辺とは違って対角化されない場合もあります（つまり、非対角項がゼロではない場合もあります）。

その場合、新しい直交化された関数を使って、(8-22) 式のように行列を対角化できれば、その関数は正しい固有関数です。つまり、この場合は

行列の対角化＝固有関数を求めること

になります。この行列の対角化には、線形代数が活躍します。第7章の最後でエルミート行列はユニタリ行列によって対角化されると述べましたが、この対角化のために量子力学ではユニタリ行列がよく登場します。

本章では、エルミート演算子からスタートしてエルミート行列にたどり着きました。これから量子力学を学ぶ方や、あるいはすでに学んだ方にとって、エルミートなんとかは、もはやブラックボックスではなくなったことでしょう。そして、ユニタリなんとかにも戸惑うことはなくなったことでしょう。自信を持って量子力学の世界に踏み出して下さい。

それでは本章をまとめておきましょう。

☆　**シュレディンガー方程式**

$$\left(-\frac{\hbar^2}{2m}\frac{d^2}{dx^2}+V\right)\phi(x)=E\phi(x)$$

☆　**波動関数の直交性**

$$\int_{-\infty}^{\infty} \overline{\phi}_k \phi_m dx = 0 \qquad k \neq m \text{ の場合}$$

☆ **波動関数の規格化条件**

$$\int_{-\infty}^{\infty} \overline{\phi} \phi dx = 1$$

☆ **ハミルトニアン**

$$H = -\frac{\hbar^2}{2m}\frac{d^2}{dx^2} + V$$

☆ **運動量演算子** $\quad \dfrac{\hbar}{i}\dfrac{d}{dx}$

☆ **エルミート演算子の固有値は実数**

☆ **エルミート演算子の異なる固有値に属する固有関数は直交する**

☆ **演算子の行列表現**

$$\begin{pmatrix} \langle \phi_0|A|\phi_0\rangle & \langle \phi_0|A|\phi_1\rangle & \cdots & \langle \phi_0|A|\phi_n\rangle \\ \langle \phi_1|A|\phi_0\rangle & \langle \phi_1|A|\phi_1\rangle & \cdots & \langle \phi_1|A|\phi_n\rangle \\ \cdots & \cdots & \cdots & \cdots \\ \langle \phi_n|A|\phi_0\rangle & \langle \phi_n|A|\phi_1\rangle & \cdots & \langle \phi_n|A|\phi_n\rangle \end{pmatrix}$$

☆ **ハミルトニアンの行列表現**（固有関数が正しいと

き)

$$\begin{pmatrix} \langle\phi_0|H|\phi_0\rangle & \langle\phi_0|H|\phi_1\rangle & \cdots & \langle\phi_0|H|\phi_n\rangle \\ \langle\phi_1|H|\phi_0\rangle & \langle\phi_1|H|\phi_1\rangle & \cdots & \langle\phi_1|H|\phi_n\rangle \\ \cdots & \cdots & \cdots & \cdots \\ \langle\phi_n|H|\phi_0\rangle & \langle\phi_n|H|\phi_1\rangle & \cdots & \langle\phi_n|H|\phi_n\rangle \end{pmatrix}$$

$$= \begin{pmatrix} E_0 & 0 & \cdots & 0 \\ 0 & E_1 & \cdots & 0 \\ \cdots & \cdots & \cdots & \cdots \\ 0 & 0 & \cdots & E_n \end{pmatrix}$$

付録

■行列式の各項の正負について

2次の行列式を例にとりましょう。

$$\begin{vmatrix} a_{11} & a_{12} \\ a_{21} & a_{22} \end{vmatrix} = a_{11}a_{22} - a_{12}a_{21} \qquad \text{(F-1)}$$

右辺の第1項の $a_{11}a_{22}$ に注目すると、a_{ij} の i について1、2という順番で並べると

$$a_{11}a_{22}$$

となり、j についても1、2という順番で並んでいます。こういう場合の符号は、プラスです。

一方、第2項の $a_{12}a_{21}$ では、i について1、2という順番で並べると、

$$a_{12}a_{21}$$

となり、j については2、1という順番で並びます。これは1と2を1回交換したこと（数学ではこれを**互換**と呼びます）を意味します。この互換の回数が n 回であるとき、符号は

$$(-1)^n$$

で決まることにします。そうすると $a_{12}a_{21}$ の符号はマイ

ナスが付くことになって、(F-1) 式の右辺と一致します。

3次の行列式も同じです。

$$\begin{vmatrix} a_{11} & a_{12} & a_{13} \\ a_{21} & a_{22} & a_{23} \\ a_{31} & a_{32} & a_{33} \end{vmatrix}$$

たとえば、$a_{13}a_{22}a_{31}$ という項の正負を考えてみましょう。この項は1行3列の a_{13} から左下に順番に項を拾ったもので、サラスの方法によるとマイナスになります。a_{ij} の i について1、2、3という順番で並べると

$$a_{13}a_{22}a_{31}$$

となります。このときの j については3、2、1という順番で並んでいます。これは、もとの1、2、3のうち、1と3を1回互換したことに対応するので符号は、

$$(-1)^1 = -1$$

となりマイナスがつきます。

■「|A| = 0 であれば、自明でない解が存在する」の証明

まず行列 $\mathbf{A}$ が1次の正方行列のときを考えましょう。このときの方程式は、

$$(a_{11})(x_1) = (0) \quad \text{つまり、} a_{11}x_1 = 0 \qquad \text{(F-2)}$$

です。行列式が次のようにゼロになる場合は、

$$|a_{11}| = a_{11} = 0$$

(F-2) 式を見ればわかるように、$a_{11}=0$ なので $x_1 \neq 0$ でも方程式は成立します。つまり、$x_1 \neq 0$ の自明でない解は存在します。これで1次の正方行列では、「$|\mathbf{A}|=0$ であれば、自明でない解が存在する」ことがわかりました。

次に行列 $\mathbf{A}$ が2次の正方行列の場合はどうでしょうか。

$$\begin{pmatrix} a_{11} & a_{12} \\ a_{21} & a_{22} \end{pmatrix} \begin{pmatrix} x_1 \\ x_2 \end{pmatrix} = \begin{pmatrix} 0 \\ 0 \end{pmatrix} \quad \text{(F-3)}$$

1行目の成分の a_{11} と a_{12} については、「両方がゼロである場合」と、「少なくとも一方はゼロでない場合」との、2通りに場合分けができます（後者の「少なくとも一方はゼロでない場合」は、「両方がゼロでない場合」を含みます）。

a_{11} と a_{12} の両方がゼロの場合は（このとき行列式は必ずゼロになりますが）、(F-3) の方程式は2行目の

$$a_{21}x_1 + a_{22}x_2 = 0$$

だけとなり、この場合は、x_1 と x_2 にゼロでない解（自明でない解）が存在します。x_1 がどんな値をとっても、次式を満たすように

$$x_2 = -\frac{a_{21}}{a_{22}} x_1$$

x_2 を選べばよいからです。よってこの場合は、$|\mathbf{A}|=0$ で

あれば、自明でない解が存在します。

次に a_{11} と a_{12} の少なくとも一方がゼロでない場合を考えましょう。ここでは $a_{11} \neq 0$ とします（仮に $a_{11}=0$ で $a_{12} \neq 0$ であれば、列ベクトルの x_1 と x_2 を置き換えれば、新しい行列では $a_{11} \neq 0$ となります）。(F-3) 式からガウスの消去法の前進ステップに対応する操作を行って a_{21} を消すと

$$\begin{pmatrix} a_{11} & a_{12} \\ 0 & a_{22}-a_{21}\times\dfrac{a_{12}}{a_{11}} \end{pmatrix} \begin{pmatrix} x_1 \\ x_2 \end{pmatrix} = \begin{pmatrix} 0 \\ 0 \end{pmatrix}$$

となります。この方程式の行列式は、列の基本変形を行っただけなので、次式のように元の行列 $\mathbf{A}$ の行列式と同じです。

$$\begin{vmatrix} a_{11} & a_{12} \\ a_{21} & a_{22} \end{vmatrix} = \begin{vmatrix} a_{11} & a_{12} \\ 0 & a_{22}-a_{21}\times\dfrac{a_{12}}{a_{11}} \end{vmatrix}$$

この行列式は2行1列の成分がゼロなので、

$$= a_{11} \times \left| a_{22}-a_{21}\times\dfrac{a_{12}}{a_{11}} \right|$$

と書き換えられます。この行列式がゼロになるのは、$a_{11} \neq 0$ なので、

$$\left| a_{22} - a_{21} \times \frac{a_{12}}{a_{11}} \right| = 0 \qquad \text{(F-4)}$$

の場合だけとなります。よって、$a_{11} \neq 0$ で (F-3) 式の行列式 $|\mathbf{A}| = 0$ の場合には、(F-4) 式が成り立つことがわかりました。

この (F-4) 式は次の1次の正方行列の方程式の行列式です。

$$\left(a_{22} - a_{21} \times \frac{a_{12}}{a_{11}} \right) x_2 = 0 \qquad \text{(F-5)}$$

(F-5) 式は1次の正方行列の方程式なので、先ほど証明したようにこの行列式がゼロのときは ((F-4) 式が成り立つ場合は)、自明でない解 $x_2 \neq 0$ を持ちます。この自明でない解 x_2 は (F-3) 式を満たす x_2 が存在するので、(F-3) 式も自明でない解を持つことになります。

少し混乱したかもしれませんが、まとめると、

(1) $a_{11} \neq 0$ の場合に2次の正方行列の行列式がゼロになるときは、x_2 に関する1次の正方行列の行列式もゼロになる。
(2) この1次の正方行列の行列式がゼロになるときは、自明でない解 x_2 が存在する（これはすでに証明済み）。
(3) この自明でない解 x_2 は同時に (F-3) 式の自明でない解である。
(4) よって、$a_{11} \neq 0$ の場合に2次の正方行列の行列式が

ゼロになるときは、自明でない解を持つ。

となります。

よって、1行目の成分の a_{11} と a_{12} について、両方がゼロである場合と、少なくとも一方はゼロでない場合の、両方において、「行列式＝0 であれば自明でない解を持つ」という条件を証明できたことになります。

ここでは、1次の正方行列の行列式の十分条件を使って2次の正方行列の行列式の十分条件を導きました。同様にして、3次の正方行列の行列式の十分条件を2次の正方行列の行列式の十分条件を使って導くことができます（これを**帰納法**と呼びます）。

■ (3-16) 式＝(3-17) 式の証明

(3-16) 式が (3-17) 式と同じであることは次のように示せます。まず、$f(x) = a_0 x^2 + a_1 x + a_2 = 0$ の解の α_1 と α_2 を使うと、高校数学で習ったように次式が成り立つ必要があるので、

$$f(x) = a_0 x^2 + a_1 x + a_2 = a_0 (x - \alpha_1)(x - \alpha_2)$$
$$= a_0 x^2 - a_0 (\alpha_1 + \alpha_2) x + a_0 \alpha_1 \alpha_2$$

これから、

$$\alpha_1 + \alpha_2 = -\frac{a_1}{a_0}, \quad \alpha_1 \alpha_2 = \frac{a_2}{a_0} \qquad \text{(F-6)}$$

の関係が得られます。同様に $g(x) = b_0 x^2 + b_1 x + b_2 = 0$ の

解の β_1 と β_2 とは、

$$\beta_1+\beta_2=-\frac{b_1}{b_0}, \quad \beta_1\beta_2=\frac{b_2}{b_0} \qquad (\text{F-7})$$

の関係が成り立っています。

(3-17) 式を展開すると、

$a_0^2 b_0^2 (\alpha_1-\beta_1)(\alpha_1-\beta_2)(\alpha_2-\beta_1)(\alpha_2-\beta_2)$
$= a_0^2 b_0^2 \{\alpha_1^2-(\beta_1+\beta_2)\alpha_1+\beta_1\beta_2\}\{\alpha_2^2-(\beta_1+\beta_2)\alpha_2+\beta_1\beta_2\}$

となりますが、ここで (F-7) 式を使うと

$= a_0^2 (b_0\alpha_1^2+b_1\alpha_1+b_2)(b_0\alpha_2^2+b_1\alpha_2+b_2)$
$= a_0^2 \{b_0^2\alpha_1^2\alpha_2^2+b_0b_1\alpha_1\alpha_2(\alpha_1+\alpha_2)+b_0b_2(\alpha_1^2+\alpha_2^2)$
$\quad +b_1^2\alpha_1\alpha_2+b_1b_2(\alpha_1+\alpha_2)+b_2^2\}$

となり、ここで (F-6) 式を使うと

$= a_0^2 \Big\{ b_0^2 \dfrac{a_2}{a_0}\dfrac{a_2}{a_0}+b_0b_1\dfrac{a_2}{a_0}\Big(-\dfrac{a_1}{a_0}\Big)+b_0b_2\Big(\dfrac{a_1}{a_0}\dfrac{a_1}{a_0}-2\dfrac{a_2}{a_0}\Big)$
$\quad +b_1b_1\dfrac{a_2}{a_0}+b_1b_2\Big(-\dfrac{a_1}{a_0}\Big)+b_2b_2 \Big\}$
$= a_2^2 b_0^2 - a_1 a_2 b_0 b_1 + b_0 b_2 (a_1^2-2a_0a_2) + a_0 a_2 b_1^2 - a_0 a_1 b_1 b_2 + a_0^2 b_2^2$
$= a_2^2 b_0^2 - 2a_0 a_2 b_0 b_2 + a_0^2 b_2^2 - a_1 a_2 b_0 b_1 + a_1^2 b_0 b_2 + a_0 a_2 b_1^2 - a_0 a_1 b_1 b_2$

となり、(3-16) 式に等しいことがわかります。

おわりに

　行列の世界はいかがだったでしょうか。ここまで到達した読者のみなさんにとって、線形代数はもはや「よくわからない謎の数学」ではなくなったことでしょう。本書で身につけた知識は、これから線形代数を応用するうえで大いに役立ってくれることでしょう。また、さらに専門的に線形代数を学ぶ方々にとってもしっかりした礎(いしずえ)になってくれるものと思います。

　本書に登場した数学者たちの多くは逆境に遭遇しています。サラスは医学を志しながら、当時の政治的状況によりその道を閉ざされました。エルミートは、1年を要してようやく入学したエコール・ポリテクニクで、退学を迫られました。シルベスターは信仰上の理由で、ケンブリッジ大学で学位を得ることはできませんでした。若い魂にとって、これらの障壁はとてつもなく高く思えたことでしょう。希望を断念することは大きな痛みと失望を伴ったに違いありません。

　しかし、彼らは、挫(くじ)けませんでした。サラスは医学から数学に転進し、シルベスターとエルミートは母校を去りました。彼らは人生の障壁を乗り越えて、数学の世界で花を咲かせたのです。おそらく、どの分野に進むかや、どの学校を卒業するかよりもはるかに重要なことは、学問に対する情熱が、心の中で燃えていることでしょう。前進する原

動力があれば、障壁は乗り越えられるのです。

そして、その前進する力を引き出すものが何であるかと問うならば、その答えは学問が持つ簡単には形容できない魅力でしょう。本書を一つのステップとして、学問の魅力に目覚める方々が増えることを期待しています。

本書も、講談社の梓沢修氏にお世話になりました。ここに謝意を表します。

参考文献

『基礎課程 線型代数学 新版』佐藤正次、永井治共編、学術図書出版社（1984）

『新訂 線型代数Ⅰ』『新訂 線型代数Ⅱ』長岡亮介、放送大学教育振興会（1999, 2000）

『数学者列伝Ⅱ　オイラーからフォン・ノイマンまで』I. ジェイムズ著、蟹江幸博訳、シュプリンガー・ジャパン（2007）

「17世紀日本と18-19世紀西洋の行列式、終結式及び判別式」後藤武史、小松彦三郎、数理解析研究所講究録、1392巻、$pp.$117-129（2004）

「関孝和の行列式の再検討」佐藤賢一、科学史・科学哲学、11号、$pp.$3-13（1993）

「和算家関孝和の人と業績」佐藤賢一、数学通信、1巻4号（1997年）

「関孝和伝記史料再考　一関博物館蔵肖像画・『寛政12年関孝和略伝』・『断家譜』」城地茂、人間社会学研究集録、4、$pp.$57-75（2009）

「関孝和と山路主住の接点　『甲府城内御金紛失役人御仕置一件』にみる関家断絶」城地茂、数理解析研究所講究録、1513巻、$pp.$78-90（2006）

「関-Sarrus の公式をめぐって——Sarrus は本当にこれを得たか？」阿部剛久、藤野清次、数理解析研究所講究録、

1195巻、*pp.*38-50（2001）

『関孝和の数学』竹之内脩、共立出版（2008）

『Cによる数値計算法』鈴木誠道、飯田善久、石塚陽共著、オーム社（1997）

「The MacTutor History of Mathematics archive」

http://www-history.mcs.st-andrews.ac.uk/Biographies/Cramer.html

http://www-history.mcs.st-andrews.ac.uk/Biographies/Sylvester.html

http://www-history.mcs.st-andrews.ac.uk/Biographies/Hermite.html

『量子物理』望月和子、オーム社（1974）

さくいん

【数字】

1次結合	109
1次式による連立方程式	16
1次従属	110, 114
1次独立	110, 129
1次の式	14

【あ行】

遺題継承	61
井戸形ポテンシャル	189
運動量演算子	198
榎並和澄	61
エネルギー固有値	186
エルミート	172
エルミート演算子	197, 203
エルミート行列	170, 174, 179, 203
演算子	185
演算子の行列表現	205
オイラーの公式	163

【か行】

階数	23, 27
階段行列	23
ガウス	162
ガウスの消去法	93, 98
ガウス平面	162
拡大係数行列	19, 25
規格化条件	188
幾何的重複度	150
期待値	188
基底	110, 115
基底準位	197
基底ベクトル	110
帰納法	216
逆行列	37, 45, 70
キャレット	66
行の基本変形	20, 40, 42
共役転置行列	168
行列	16
行列式	50
行列の対角化	139
極座標表示	162
虚数	160
虚数単位	160
グラミアン	123
グラムの行列式	123
クラメール	75
クラメールの公式	74, 93
クーロン力	190
元	17
後退ステップ	98
互換	52, 211

固定端での振動	191	スカラー	108
固有関数	186	正規行列	168
固有空間の次元	150	正規直交	116
固有多項式	135	正則	37, 70
固有値	134, 174	正則な行列	37
固有値の重複度	150	成分	17
固有値問題	134	正方行列	16, 34
固有ベクトル	134	関・サラスの方法	53
固有方程式	135	関孝和	52
		線形	12
		線形空間	125
【さ行】		線形結合	109
		線形代数	12
座標変換	118	前進ステップ	98
サラス	55	相似な行列	152
サラスの方法	52		
次数	16		
実ベクトル空間	126	**【た行】**	
自明でない解	78, 213		
自明な解	78	対角化	151, 179
自明な解以外の解	81, 83	対角項	18
重解	141	代数的重複度	150
終結式	80	建部賢弘	63
終結式の行列表現	85	単位行列	22, 34, 45
自由度	28	単位ベクトル	112
シュミットの直交化法	120	鶴亀算	15
シュレディンガー方程式	184	定在波	190
準位	197	ディラック	188
小行列	22	転置行列	68, 117, 165
消去法	18	特性多項式	135
障壁	189	特性方程式	135
乗法の交換法則	35	トレース	18, 154
シルベスター行列	85	トンネル効果	190
数値計算	92		

【な行】

内積	116, 165
ノルム	166

【は行】

掃き出し法	98
ハット	66
波動関数	184, 198
ハミルトニアン	185, 206
非線形	13
非対角項	18
複素共役	163, 165
複素数	160
複素平面	162
複素ベクトル空間	126
ブラケット表示	188
平面波	198
ベクトル	108
ベクトル空間	125
偏角	162
ポテンシャル	190
ボルン	187

【ま行】

マトリックス	85

【や行】

ユニタリ行列	169, 179
余因子	67
余因子行列	66
吉田光由	61

【ら行】

ライプニッツ	74
量子化	197
量子数	197
列の基本変形	22
列ベクトル	16
連立斉次1次方程式	77
連立同次1次方程式	77
連立非斉次1次方程式	78
連立非同次1次方程式	78

N.D.C.411.3　226p　18cm

ブルーバックス　B-1704

高校数学でわかる線形代数
行列の基礎から固有値まで

2010年11月20日　第1刷発行
2024年2月9日　第16刷発行

著者	竹内　淳（たけうち あつし）	
発行者	森田浩章	
発行所	株式会社講談社	
	〒112-8001　東京都文京区音羽2-12-21	
電話	出版	03-5395-3524
	販売	03-5395-4415
	業務	03-5395-3615
印刷所	(本文表紙印刷) 株式会社KPSプロダクツ	
	(カバー印刷) 信毎書籍印刷 株式会社	
製本所	株式会社KPSプロダクツ	

定価はカバーに表示してあります。
©竹内　淳　2010, Printed in Japan
落丁本・乱丁本は購入書店名を明記のうえ、小社業務宛にお送りください。送料小社負担にてお取替えします。なお、この本についてのお問い合わせは、ブルーバックス宛にお願いいたします。
本書のコピー、スキャン、デジタル化等の無断複製は著作権法上での例外を除き禁じられています。本書を代行業者等の第三者に依頼してスキャンやデジタル化することはたとえ個人や家庭内の利用でも著作権法違反です。
R〈日本複製権センター委託出版物〉複写を希望される場合は、日本複製権センター（電話03-6809-1281）にご連絡ください。

ISBN978-4-06-257704-5

発刊のことば

科学をあなたのポケットに

二十世紀最大の特色は、それが科学時代であるということです。科学は日に日に進歩を続け、止まるところを知りません。ひと昔前の夢物語もどんどん現実化しており、今やわれわれの生活のすべてが、科学によってゆり動かされているといっても過言ではないでしょう。

そのような背景を考えれば、学者や学生はもちろん、産業人も、セールスマンも、ジャーナリストも、家庭の主婦も、みんなが科学を知らなければ、時代の流れに逆らうことになるでしょう。

ブルーバックス発刊の意義と必然性はそこにあります。このシリーズは、読む人に科学的に物を考える習慣と、科学的に物を見る目を養っていただくことを最大の目標にしています。そのためには、単に原理や法則の解説に終始するのではなくて、政治や経済など、社会科学や人文科学にも関連させて、広い視野から問題を追究していきます。科学はむずかしいという先入観を改める表現と構成、それも類書にないブルーバックスの特色であると信じます。

一九六三年九月

野間省一

ブルーバックス　数学関係書 (I)

番号	タイトル	著者
116	推計学のすすめ	佐藤 信
120	統計でウソをつく法	ダレル・ハフ/高木秀玄 訳
177	ゼロから無限へ	C・レイド/芹沢正三 訳
325	現代数学小事典	寺阪英孝 編
722	解ければ天才！ 算数100の難問・奇問	中村義作
833	虚数 i の不思議	堀場芳数
862	対数 e の不思議	堀場芳数
926	原因をさぐる統計学	豊田秀樹
1003	マンガ 微積分入門	岡部恒治/藤岡文世 絵
1013	違いを見ぬく統計学	豊田秀樹
1037	道具としての微分方程式	斎藤恭一/吉田 剛 絵
1201	自然にひそむ数学	佐藤修一
1243	高校数学とっておき勉強法	鍵本 聡
1312	マンガ おはなし数学史 新装版	佐々木ケン 漫画/仲田紀夫 原作
1332	集合とはなにか	竹内外史
1352	確率・統計であばくギャンブルのからくり	谷岡一郎
1353	算数パズル「出しっこ問題」傑作選	仲田紀夫
1366	数学版 これを英語で言えますか？	保江邦夫 監修/E.ネルソン
1383	高校数学でわかるマクスウェル方程式	竹内 淳
1386	素数入門	芹沢正三
1407	入試数学 伝説の良問100	安田 亨
1419	パズルでひらめく 補助線の幾何学	中村義作
1429	数学21世紀の7大難問	中村 亨
1433	大人のための算数練習帳	佐藤恒雄
1453	大人のための算数練習帳 図形問題編	佐藤恒雄
1479	なるほど高校数学 三角関数の物語	原岡喜重
1490	暗号の数理 改訂新版	一松 信
1493	計算力を強くする	鍵本 聡
1536	計算力を強くするpart2	鍵本 聡
1547	広中杯 ハイレベル 算数オリンピック委員会 監修/青木亮二 解説	
1557	中学数学に挑戦	
1595	やさしい統計入門	柳井晴夫/田栗正章/藤越康祝/C・R・ラオ
1598	数論入門	芹沢正三
1606	なるほど高校数学 ベクトルの物語	原岡喜重
1619	関数とはなんだろう	山根英司
1620	離散数学「数え上げ理論」	野﨑昭弘
1629	高校数学でわかるボルツマンの原理	竹内 淳
1657	計算力を強くする 完全ドリル	鍵本 聡
1677	高校数学でわかるフーリエ変換	竹内 淳
1678	新体系 高校数学の教科書（上）	芳沢光雄
1684	新体系 高校数学の教科書（下）	芳沢光雄
1684	ガロアの群論	中村 亨

ブルーバックス　数学関係書 (II)

- 1704 リーマン予想とはなにか　中村 亨
- 1724 三角形の七不思議　細矢治夫
- 1738 世界は2乗でできている　小島寛之
- 1740 マンガ　線形代数入門　鍵本 聡"原作"/北垣絵美"漫画"
- 1743 不完全性定理とはなにか　竹内 薫
- 1757 算数オリンピックに挑戦 '08〜'12年度版　算数オリンピック委員会"編"
- 1764 シャノンの情報理論入門　高岡詠子
- 1765 複素数とはなにか　示野信一
- 1770 「超」入門 微分積分　神永正博
- 1782 確率・統計でわかる「金融リスク」のからくり　吉本佳生
- 1784 はじめてのゲーム理論　川越敏司
- 1786 連分数のふしぎ　木村俊一
- 1788 新体系　中学数学の教科書 (下)　芳沢光雄
- 1795 新体系　中学数学の教科書 (上)　芳沢光雄
- 1808 高校数学でわかる統計学　竹内 淳
- 1810 大学入試問題で語る数論の世界　清水健一
- 1818 マンガで読む　計算力を強くする　がそんみほ"マンガ"/銀杏社"構成"
- 1819 物理数学の直観的方法 (普及版)　長沼伸一郎
- 1822 ウソを見破る統計学　神永正博
- 1823 高校数学でわかる線形代数　竹内 淳

- 1833 超絶難問論理パズル　小野田博一
- 1841 難関入試 算数速攻術　高岡詠子／中川 梨"画"/松島りつこ"画"
- 1851 チューリングの計算理論入門　高岡詠子
- 1880 非ユークリッド幾何の世界 新装版　寺阪英孝
- 1888 直感を裏切る数学　神永正博
- 1890 逆問題の考え方　上村 豊
- 1893 ようこそ「多変量解析」クラブへ　小野田博一
- 1897 算法勝負！「江戸の数学」に挑戦　山根誠司
- 1906 ロジックの世界　ダン・クライアン／シャロン・シュアティル／ビル・メイブリン"絵"/田中一之"訳"
- 1907 確率を攻略する　西来路文朗／清水健一
- 1917 数学ロングトレイル「大学への数学」に挑戦　山下光雄
- 1921 群論入門　芳沢光雄
- 1927 素数が奏でる物語　西来路文朗／清水健一
- 1933 「P≠NP」問題　野崎昭弘
- 1941 数学ロングトレイル「大学への数学」に挑戦　ベクトル編　小島寛之
- 1942 数学ロングトレイル「大学への数学」に挑戦　関数編　山下光雄
- 1961 曲線の秘密　松下泰雄
- 1967 世の中の真実がわかる「確率」入門　小林道正

ブルーバックス　数学関係書(III)

番号	タイトル	著者
1968	脳・心・人工知能	甘利俊一
1969	四色問題	一松 信
1984	経済数学の直観的方法 マクロ経済学編	長沼伸一郎
1985	経済数学の直観的方法 確率・統計編	長沼伸一郎
1998	結果から原因を推理する「超」入門ベイズ統計	石村貞夫
2001	人工知能はいかにして強くなるのか？	小野田博一
2003	素数はめぐる	西来路文朗/清水健一
2023	曲がった空間の幾何学	宮岡礼子
2033	ひらめきを生む「算数」思考術	安藤久雄
2035	現代暗号入門	神永正博
2036	美しすぎる「数」の世界	清水健一
2043	理系のための微分・積分復習帳	竹内 淳
2046	方程式のガロア群	金 重明
2059	離散数学「ものを分ける理論」	徳田雄洋
2065	学問の発見	広中平祐
2069	今日から使える微分方程式 普及版	飽本一裕
2079	はじめての解析学	原岡喜重
2081	今日から使える物理数学 普及版	岸野正剛
2085	今日から使える統計解析 普及版	大村 平
2092	いやでも数学が面白くなる	志村史夫
2093	今日から使えるフーリエ変換 普及版	三谷政昭

番号	タイトル	著者
2098	高校数学でわかる複素関数	竹内 淳
2104	トポロジー入門	都築卓司
2107	数学にとって証明とはなにか	瀬山士郎
2110	高次元空間を見る方法	小笠英志
2114	数の概念	高木貞治
2118	道具としての微分方程式 偏微分編	斎藤恭一
2121	離散数学入門	芳沢光雄
2126	数の世界	松岡 学
2137	有限の中の無限	西来路文朗/清水健一
2141	今日から使える微積分 普及版	大村 平
2147	円周率πの世界	柳谷 晃
2153	多角形と多面体	日比孝之
2160	多様体とは何か	小笠英志
2161	なっとくする数学記号	黒木哲徳
2167	三体問題	浅田秀樹
2168	大学入試数学 不朽の名問100	鈴木貫太郎
2171	四角形の七不思議	細矢治夫
2178	数式図鑑	横山明日希
2179	数学とはどんな学問か？	津田一郎
2182	マンガ 一晩でわかる中学数学	端野洋子
2188	世界は「e」でできている	金 重明

ブルーバックス　数学関係書 (IV)

2195 統計学が見つけた野球の真理

鳥越規央

ブルーバックス　物理学関係書(I)

番号	タイトル	著者
79	相対性理論の世界	J・A・コールマン/中村誠太郎 訳
563	電磁波とはなにか	後藤尚久
584	10歳からの相対性理論	都筑卓司
733	紙ヒコーキで知る飛行の原理	小林昭夫
911	電気とはなにか	室岡義広
1012	量子力学が語る世界像	和田純夫
1084	図解 わかる電子回路	加藤 肇/見城尚志/高橋 久
1128	原子爆弾	山田克哉
1150	音のなんでも小事典	日本音響学会 編
1174	消えた反物質	小林 誠
1205	クォーク 第2版	南部陽一郎
1251	心は量子で語れるか	ロジャー・ペンローズ/S・A・シモニー/N・カートライト/中村和幸 訳
1259	光と電気のからくり	山田克哉
1310	「場」とはなんだろう	竹内 薫
1380	四次元の世界（新装版）	都筑卓司
1383	高校数学でわかるマクスウェル方程式	竹内 淳
1384	マクスウェルの悪魔（新装版）	都筑卓司
1385	不確定性原理（新装版）	都筑卓司
1390	熱とはなんだろう	竹内 薫
1391	ミトコンドリア・ミステリー	林 純一
1394	ニュートリノ天体物理学入門	小柴昌俊
1415	量子力学のからくり	山田克哉
1444	超ひも理論とはなにか	竹内 薫
1452	流れのふしぎ	石綿良三/根本光正 著 日本機械学会 編
1469	量子コンピュータ	竹内繁樹
1470	高校数学でわかるシュレディンガー方程式	竹内 淳
1483	新しい物性物理	伊達宗行
1487	ホーキング 虚時間の宇宙	竹内 薫
1509	新しい高校物理の教科書	山本明利/左巻健男 編著
1569	電磁気学のABC（新装版）	福島 肇
1583	熱力学で理解する化学反応のしくみ	平山令明
1591	発展コラム式 中学理科の教科書 第1分野（物理・化学）	滝川洋二 編
1605	マンガ 物理に強くなる	関口知彦 原作/鈴木みそ 漫画
1620	高校数学でわかるボルツマンの原理	竹内 淳
1638	プリンキピアを読む	和田純夫
1642	新・物理学事典	大槻義彦/大場一郎 編
1648	量子テレポーテーション	古澤 明
1657	高校数学でわかるフーリエ変換	竹内 淳
1675	量子重力理論とはなにか	竹内 薫
1697	インフレーション宇宙論	佐藤勝彦

ブルーバックス　物理学関係書(II)

番号	タイトル	著者
1701	光と色彩の科学	齋藤勝裕
1715	量子もつれとは何か	古澤明
1716	「余剰次元」と逆二乗則の破れ	村田次郎
1720	傑作！　物理パズル50	ポール・G・ヒューイット／松森靖夫＝編訳
1728	ゼロからわかるブラックホール	大須賀健
1731	宇宙は本当にひとつなのか	村山斉
1738	物理数学の直観的方法（普及版）	長沼伸一郎
1776	現代素粒子物語	中嶋彰／KEK協力（高エネルギー加速器研究機構）
1780	オリンピックに勝つ物理学	望月修
1799	宇宙になぜ我々が存在するのか	村山斉
1803	高校数学でわかる相対性理論	竹内淳
1815	大人のための高校物理復習帳	桑子研
1827	大栗先生の超弦理論入門	大栗博司
1836	真空のからくり	山田克哉
1860	現代コラム式　中学理科の教科書　改訂版　物理・化学編	滝川洋二＝編
1867	高校数学でわかる流体力学	竹内淳
1871	アンテナの仕組み	小暮裕明／小暮芳江
1894	エントロピーをめぐる冒険	鈴木炎
1905	あっと驚く科学の数字　数から科学を読む研究会	
1912	マンガ　おはなし物理学史	佐々木ケン＝漫画／小山慶太＝原作
1924	謎解き・津波と波浪の物理	保坂直紀
1930	光と重力　ニュートンとアインシュタインが考えたこと	小山慶太
1932	天野先生の「青色LEDの世界」	天野浩／福田大展
1937	輪廻する宇宙	横山順一
1940	すごいぞ！　身のまわりの表面科学	日本表面科学会
1960	曲線の秘密	小林富雄
1961	高校数学でわかる光とレンズ	松下泰雄
1970	超対称性理論とは何か	竹内淳
1981	宇宙は「もつれ」でできている	ルイーザ・ギルダー／山田克哉＝監訳／窪田恭子＝訳
1982	光と電磁気　ファラデーとマクスウェルが考えたこと	小山慶太
1983	重力波とはなにか	安東正樹
1986	ひとりで学べる電磁気学	中山正敏
2019	時空のからくり	山田克哉
2027	重力波で見える宇宙のはじまり	ピエール・ビネトリュイ／安東正樹＝監訳／岡田好恵＝訳
2031	時間とはなんだろう	松浦壮
2032	佐藤文隆先生の量子論	佐藤文隆
2040	ペンローズのねじれた四次元　増補新版	竹内薫
2048	$E=mc^2$のからくり	山田克哉
2056	新しい1キログラムの測り方	臼田孝

ブルーバックス　物理学関係書（Ⅲ）

- 2061 科学者はなぜ神を信じるのか　三田一郎
- 2078 独楽の科学　山崎詩郎
- 2087 「超」入門　相対性理論　福江純
- 2090 はじめての量子化学　平山令明
- 2091 いやでも物理が面白くなる　新版　志村史夫
- 2096 2つの粒子で世界がわかる　森弘之
- 2100 プリンシピア　自然哲学の数学的原理　第Ⅰ編　物体の運動　アイザック・ニュートン／中野猿人＝訳・注
- 2101 プリンシピア　自然哲学の数学的原理　第Ⅱ編　抵抗を及ぼす媒質内での物体の運動　アイザック・ニュートン／中野猿人＝訳・注
- 2102 プリンシピア　自然哲学の数学的原理　第Ⅲ編　世界体系　アイザック・ニュートン／中野猿人＝訳・注
- 2115 量子力学と相対性理論を中心として　「ファインマン物理学」を読む　普及版　竹内薫
- 2124 時間はどこから来て、なぜ流れるのか？　吉田伸夫
- 2129 電磁気学を中心として　「ファインマン物理学」を読む　普及版　竹内薫
- 2130 力学と熱力学を中心として　「ファインマン物理学」を読む　普及版　竹内薫
- 2139 量子とはなんだろう　松浦壮
- 2143 時間は逆戻りするのだろうか　高水裕一

- 2162 トポロジカル物質とは何か　長谷川修司
- 2169 アインシュタイン方程式を読んだら　深川峻太郎
- 2183 「宇宙」が見えた　早すぎた男　南部陽一郎物語　中嶋彰
- 2193 思考実験　科学が生まれるとき　榛葉豊
- 2194 宇宙を支配する「定数」　臼田孝
- 2196 ゼロから学ぶ量子力学　竹内薫

ブルーバックス　趣味・実用関係書(I)

番号	書名	著者
35	計画の科学	加藤昭吉
733	紙ヒコーキで知る飛行の原理	小林昭夫
921	自分がわかる心理テスト	芦原 睦/桂 戴作″監修
1063	自分がわかる心理テストPART2	芦原 睦″監修
1073	へんな虫はすごい虫	安富和男
1084	子どもにウケる科学手品77	後藤道夫
1112	頭を鍛えるディベート入門	松本 茂
1234	図解 わかる電子回路	加藤 肇/見城尚志/高橋久
1245	「分かりやすい表現」の技術	藤沢晃治
1273	もっと子どもにウケる科学手品77	後藤道夫
1284	理系志望のための高校生活ガイド	鍵本 聡
1307	理系の女の生き方ガイド	宇野賀津子/坂東昌子
1346	図解 ヘリコプター	鈴木英夫
1352	確率・統計であばくギャンブルのからくり	谷岡一郎
1353	算数パズル「出しっこ問題」傑作選	仲田紀夫
1364	理系のための英語論文執筆ガイド	原田豊太郎
1366	数学版 これを英語で言えますか？	保江邦夫″監修
1368	論理パズル「出しっこ問題」傑作選	小野田博一
1387	「分かりやすい説明」の技術	藤沢晃治
1396	制御工学の考え方	木村英紀
1413	『ネイチャー』を英語で読みこなす	竹内 薫
1420	理系のための英語便利帳	倉島保美/榎本智子 博″絵
1443	「分かりやすい文章」の技術	藤沢晃治
1478	「分かりやすい話し方」の技術	吉田たかよし
1493	計算力を強くする	鍵本 聡
1516	競走馬の科学	JRA競走馬総合研究所″編
1520	図解 鉄道の科学	宮本昌幸
1536	計算力を強くするpart2	鍵本 聡
1552	「計算力」を強くする	加藤昭吉
1553	図解 つくる電子回路	西田和明
1573	手作りラジオ工作入門	藤沢晃治
1596	理系のための人生設計ガイド	坪田一男
1623	「分かりやすい教え方」の技術	藤沢晃治
1629	計算力を強くする 完全ドリル	鍵本 聡
1630	伝承農法を活かす家庭菜園の科学	木嶋利男
1653	理系のための英語「キー構文」46	原田豊太郎
1660	図解 電車のメカニズム	宮本昌幸″編著
1666	理系のための「即効！」卒業論文術	中田 亨
1671	理系のための研究生活ガイド 第2版	坪田一男
1676	図解 橋の科学	土木学会関西支部″編 田中輝彦/渡邊英一″他
1688	武術「奥義」の科学	吉福康郎
1695	ジムに通う前に読む本	桜井静香

ブルーバックス　趣味・実用関係書(Ⅱ)

- 1696 ジェット・エンジンの仕組み　吉中　司
- 1707 「交渉力」を強くする　藤沢晃治
- 1725 魚の行動習性を利用する釣り入門　川村軍蔵
- 1773 「判断力」を強くする　藤沢晃治
- 1783 知識ゼロからのExcelビジネスデータ分析入門　住中光夫
- 1791 卒論執筆のためのWord活用術　田中幸夫
- 1793 論理が伝わる　世界標準の「書く技術」　倉島保美
- 1796 「魅せる声」のつくり方　篠原さなえ
- 1813 研究発表のためのスライドデザイン　宮野公樹
- 1817 東京鉄道遺産　小野田　滋
- 1847 論理が伝わる　世界標準の「プレゼン術」　倉島保美
- 1864 科学検定公式問題集　5・6級　桑子研／監修　小村上道夫／岸本充生／他
- 1868 基準値のからくり　永井孝志／他
- 1877 山に登る前に読む本　能勢　博
- 1882 「ネイティブ発音」科学的上達法　藤田佳信
- 1895 「育つ土」を作る家庭菜園の科学　木嶋利男
- 1900 科学検定公式問題集　3・4級　桑子研／監修　宮野公樹／竹内薫／監修
- 1910 研究を深める5つの問い　宮野公樹
- 1914 論理が伝わる　世界標準の「議論の技術」　倉島保美
- 1915 理系のための英語最重要「キー動詞」43　原田豊太郎
- 1919 「説得力」を強くする　藤沢晃治

- 1926 SNSって面白いの？　草野真一
- 1934 世界で生きぬく理系のための英文メール術　吉形一樹
- 1938 門田先生の3Dプリンタ入門　門田和雄
- 1947 50ヵ国語習得法　新名美次
- 1948 すごい家電　西田宗千佳
- 1951 研究者としてうまくやっていくには　長谷川修司
- 1958 理系のための法律入門　第2版　井野邊陽
- 1959 図解　燃料電池自動車のメカニズム　川辺謙一
- 1965 サッカー上達の科学　成清弘和
- 1966 世の中の真実がわかる「確率」入門　村松尚登
- 1967 不妊治療を考えたら読む本　小林道正
- 1976 怖いくらい通じるカタカナ英語の法則　ネット対応版　浅田義正／河合蘭
- 1987 カラー図解　Excel「超」効率化マニュアル　池谷裕二
- 1999 ランニングをする前に読む本　立山秀利
- 2005 「香り」の科学　田中宏暁
- 2020 城の科学　平山令明
- 2038 日本人のための声がよくなる「舌力」のつくり方　萩原さちこ
- 2042 理系のための「実戦英語力」習得法　篠原さなえ
- 2055 新しい1キログラムの測り方　志村史夫
- 2056 音律と音階の科学　新装版　臼田　孝
- 2060 小方　厚

ブルーバックス　趣味・実用関係書(Ⅲ)

2064	心理学者が教える　読ませる技術　聞かせる技術	海保博之
2089	世界標準のスイングが身につく科学的ゴルフ上達法	板橋　繁
2111	作曲の科学	フランソワ・デュボワ　井上喜惟=監修　木村　彩=訳
2113		能勢　博
2118	ウォーキングの科学	斎藤恭一
2120	道具としての微分方程式　偏微分編	後藤道夫
2131	子どもにウケる科学手品　ベスト版	
2135	世界標準のスイングが身につく科学的ゴルフ上達法　実践編	板橋　繁
2138	科学的ゴルフ上達法　実践編	
2149	アスリートの科学	久木留　毅
2151	理系の文章術	更科　功
2158	日本史サイエンス	播田安弘
2170	「意思決定」の科学	川越敏司
	科学とはなにか	佐倉　統
	理系女性の人生設計ガイド	大隅典子　大島まり　山本佳世子

BC07	ChemSketchで書く簡単化学レポート　平山令明

ブルーバックス12cm CD-ROM付

ブルーバックス　技術・工学関係書（I）

番号	タイトル	著者
495	人間工学からの発想	小原二郎
911	電気とはなにか	室岡義広
1084	図解 わかる電子回路	見城尚志/高橋久
1128	原子爆弾	山田克哉
1236	図解 飛行機のメカニズム	加藤寛/柳生一
1346	図解 ヘリコプター	鈴木英夫
1396	制御工学の考え方	木村英紀
1452	流れのふしぎ	石綿良三/根本光正 著 日本機械学会 編
1469	量子コンピュータ	竹内繁樹
1483	新しい物性物理	伊達宗行
1520	図解 鉄道の科学	宮本昌幸
1545	高校数学でわかる半導体の原理	竹内淳
1553	図解 つくる電子回路	加藤ただし
1573	手作りラジオ工作入門	西田和明
1624	コンクリートなんでも小事典	土木学会関西支部 編
1660	図解 電車のメカニズム	宮本昌幸"編著
1676	図解 橋の科学	土木学会関西支部"編 田中輝彦/渡邊英一 他
1696	図解 ジェット・エンジンの仕組み	吉中司
1717	図解 地下鉄の科学	川辺謙一
1797	古代日本の超技術 改訂新版	志村史夫
1817	東京鉄道遺産	小野田滋
1845	古代世界の超技術	志村史夫
1866	暗号が通貨になる「ビットコイン」のからくり	吉本佳生/西村宗佳
1871	アンテナの仕組み	小暮裕明/小暮芳江
1879	火薬のはなし	松永猛裕
1887	小惑星探査機「はやぶさ2」の大挑戦	山根一眞
1909	飛行機事故はなぜなくならないのか	青木謙知
1938	門田先生の3Dプリンタ入門	門田和雄
1940	すごいぞ！ 身のまわりの表面科学	日本表面科学会
1948	すごい家電	西田宗千佳
1950	実例で学ぶRaspberry Pi電子工作	金丸隆志
1959	図解 燃料電池自動車のメカニズム	川辺謙一
1963	交流のしくみ	森本雅之
1968	脳・心・人工知能	甘利俊一
1970	高校数学でわかる光とレンズ	竹内淳
2001	人工知能はいかにして強くなるのか？	小野田博一
2017	人はどのように鉄を作ってきたか	永田和宏
2035	現代暗号入門	神永正博
2038	城の科学	萩原さちこ
2041	時計の科学	織田一朗
2052	カラー図解 はじめる機械学習 Raspberry Piで	金丸隆志

ブルーバックス

ブルーバックス発の新サイトがオープンしました！

・書き下ろしの科学読み物

・編集部発のニュース

・動画やサンプルプログラムなどの特別付録

> ブルーバックスに関するあらゆる情報の発信基地です。ぜひ定期的にご覧ください。

ポチッ

| ブルーバックス | 検索 |

http://bluebacks.kodansha.co.jp/